青少年成长阅读经典文库

昆虫记

［法国］法布尔　著
吴文智　编译

南京出版传媒集团
南京出版社

阅读经典　见证成长

　　作为一名长期从事语言文字研究的教育工作者,经常有人问我:"怎样才能培养和提高孩子(学生)对语言文字的感受力和理解力?"通常情况下,我都会用著名的文学理论家刘勰的一句名言作答:"操千曲而后晓声,观千剑而后识器。"其中蕴含的道理显而易见,只有通过大量的阅读,才能熟悉和掌握语言规律,提高运用语言的能力。

　　的确如此,我国古人素有"读书破万卷,下笔如有神""熟读唐诗三百首,不会作诗也会吟"的深切感悟,也通过实践验证了多阅读对于提高理解力和写作力等诸多方面的重要作用。时至今日,在全民阅读风潮席卷华夏大地的时代背景下，越来越多的人认识到阅读对于个人发展的重要性。

事实上，阅读不仅关乎个体的生存发展，而且关系到民族的生存发展。因为好读书，读好书，才是一个优秀民族生存发展的正确方式。为此，肩负国家未来、民族希望的广大青少年也应该持有诗意的情怀，多读、熟读好书，尤其是多读、熟读那些历经岁月磨砺仍熠熠生辉的经典名著，显得非常有必要。

阅读名著是青少年增长知识、了解社会的有效途径。"真正的艺术来自于心灵的创造"，经典名著就是这样的艺术。它们无论是在语言运用方面，还是在所表达的内容方面均具有不可替代的示范性特征。一些经典名著中生动描绘的社会众生相，是大千世界的缩影。通过阅读名著、鉴赏名著，青少年可以从各种不同的角度来了解这个尚不熟悉的多元化社会；还可以看到形态各异的人物，他们或吝啬或慷慨，或善良或丑恶，或天真美丽或阴险丑陋，或杀富济贫或凶狠残暴，或崇尚真理或庸俗堕落，或勤奋朴素或挥金如土，或精忠报国或卖国求荣，或高尚明智或荒诞不经，一切尽在名著中。

阅读名著是青少年开阔视野、锻炼思维的重要方式。名著之所以是名著,能流传那么久,必定有其特殊之处。名著构思之精巧,内容之深邃,都非常值得品味,每读一次都能够让人有一种新的感觉和体会。此外,现实世界与作品中的虚拟世界的时空差距,让读者仿佛体验了许多不同的经历,让读者从悲剧中看到现实,从喜剧中获得前进的动力,从讽刺小说中体味正义的凛然。

阅读文学名著是青少年陶冶情感、熏陶理想的不二法门。毫不夸张地讲,阅读经典的经历,也是青少年见证自我成长的过程。

文学是人类感情最丰富最生动的表达,是人类历史最形象的诠释,一个民族的文学,是这个民族的历史。一个时代的优秀文学作品,是这个时代的缩影,是这个时代的心声,是这个时代千姿百态的社会风俗画和人文风景线,是这个时代的精神和情感的结晶。南京出版社策划的这套"青少年成长阅读经典文库",结合青少年的阅读习惯和身心成长规律,精心遴选了备受历代青少年关注的经典名著,按照各具特色的主题,重新编排出版,或倡导大家回归自然,探寻人与自然的关系;或带领大家漫游险境,体验突破自我的快感;或陪伴大家追问自我,探究人性之奥妙……总之，编者希望能通过这些传达着人类的憧憬与梦想、凝聚着人类灿烂智慧的优秀作品，带着青少年一起了解历史，了解自然，了解社会，了解时代，了解人生的意义。

读书吧，青少年！

蒋念祖

（作者系第二届"全国十杰中小学教师"提名奖获得者、享受国务院特殊津贴的专家）

前　言

兴趣与遗传

　　每个人都有自己的兴趣爱好，这与我们的遗传并没有什么特别联系。比如一个爱把数石子当作消遣的放牛娃，长大后备不住会成为一位教授，甚至有可能会成为十分著名的数学家。再比如一个年龄看起来比别的小伙伴大不了多少的孩子，在其他小朋友光知道嬉闹玩耍时，他却能独自沉浸在器乐的冥想与演奏中，这样的孩子长大后有可能会成为音乐家。还有的小孩，别看年龄小，他的独特爱好竟然是捏弄泥巴，把泥巴捏成形态各异、栩栩如生的各种小物件，这样的孩子如果机遇得当，将来或许就可能会成为一位著名的雕塑家。

　　我知道，这样在背后议论别人，是十分不礼貌的事。那么，也许大家不会反对我来讲述一下我自己的过去，并借此机会向大家介绍一下我的兴趣和我的研究。

　　我很小的时候就对自然界的生物有一种特殊的亲近感，比如，我很喜欢观察植物和昆虫。如果你认为我这种爱好和兴趣是从我的先人们那儿遗传下来的，那就是十分可笑的事了，因为我的祖祖辈辈都是没有受过教育的乡巴佬，除了只关心他们自己养的牛、羊和种植的农作物，对其他的东西都一无所知。至于说到我是否曾经受过什么专门的训练，那就更谈不上了。我从小就不曾有过老师，更别说什么专业的指导了，甚至于连适合阅读的书也没有。我只是喜欢朝着我选定的目标往前走，希望在昆虫观察上有所发现，在昆虫科学研究的史册上多少留下一些我的见识，哪怕是只言片语。

　　很多年前，当我还是一个不懂事的小孩子时，虽然才刚刚学会认字母，但已经有了不惧一切、勇于探索的勇气和决心，我至今都为此感到无比自豪和骄傲。就是现在，我也还清晰地记得第一次发现鸟窝和第一次采到蘑菇时的情景，当时的那种兴奋之情至今还记忆犹新。

那一天，我真走运，不仅有一个苹果作点心，而且还有可以自由支配的时间。我打算去攀登那座离我家不远、被我当作世界边缘的山峰。在那座山顶上，有一片早就引起我浓厚兴趣的树木。我要去山上看看那些树在那儿做什么，太阳是从哪儿出来的。登上高处，也许我就会知道了。

我向山坡上爬去，费了很大的劲。坡很长很长，可我的腿却很短。我不时地往上看。我的朋友们，也就是山顶上的那些树木，看起来并没有靠近。咦！那是什么？刚从我脚边窜过。哦，原来是一只漂亮可爱的鸟，刚刚是从藏身的岩石下飞出来的。哇！真幸运，这里有一个用绒毛和细草筑的鸟窝。这是我第一次见到鸟窝，也是鸟儿第一次给我带来欢乐。在这个鸟窝里有六枚蛋，一个挨一个地排列着，泛蓝的蛋壳是那么好看。我完全沉浸在极度兴奋中，索性趴伏在草地上，静静地观察起来。

这时候，雌鸟一边不停地叫唤着，一边惊慌地来回从这边的岩石上飞到那边的岩石上。我在那个年龄时还不懂得什么是同情，不理解它为什么会那样焦虑不安。那时我脑子里所想的就是过两个星期后再来这里,那时刚孵出的小鸟还不能飞,我就可以将它们连窝端走了。不过,现在,我要先拿走一枚鸟蛋,就一枚,为我这次的惊人发现留个证明。因为怕蛋被打破,我把那枚脆弱的蛋用一些苔藓垫着托在一只手的手心里。我索性不再向上爬了,决定改天再去看山上太阳升起处的那些树。

我走下山坡,在山脚下遇到了教堂的神甫。他见我走路时一股严肃劲儿,就像一个搬运圣物者似的,便猜测我的手里藏着什么东西。

"孩子,你手里拿着什么?"神甫问道。

我局促不安地张开手,露出了那枚躺在苔藓上的蓝色的蛋。

"啊!是'萨克锡柯拉'蛋。"神甫说道,"你是从哪儿弄来的?"

"山上,一块岩石下。"

在他的连连追问下,我把事情的经过说了一遍。

"我无知的孩子,"神甫答道,"你不可以这么做。你不该从一个母亲的眼皮子底下抢走它的孩子,你应该尊重那个无辜的家庭。你应该让上帝的鸟儿长大,从鸟窝里飞出来。它们是庄稼的朋友,它们清除庄稼的害虫。如果你想做个乖孩子的话，以后再别去碰那个鸟窝了！"

神甫一席威严的话告诉我糟蹋鸟窝是一种坏行为。我还不明白鸟如何能帮助我们消灭破坏收成的害虫，但是在我的心灵深处，我懂得了两件事：第一件，偷鸟蛋是件残忍的事；第二件，鸟兽同人类一样，它们各自都有各自的名字。

几年后我才知道，"萨克锡柯拉"是拉丁语，是"生活在岩石中"的意思，所以这种鸟就叫"岩生"。后来，我从一本书中进一步了解到这种喜欢多石山岗的鸟也叫"土坷拉鸟"，在耕种季节它从一块泥土飞到另一块泥土上，搜索着犁沟里挖出的虫子。我还知道有人称它为"白尾鸟"。这个非常形象的名称让人一听就想到，它飞在耕耘的田地上做特技飞行表演时，展开的尾巴真像只白蝴蝶。

我们村庄西面的斜坡下有一条蜿蜒流淌的小溪，小溪的那一边是一片树林，树干光滑笔直，像柱子似的，有着伟岸的树冠，地上铺着一层苔藓。我在这里发现了一朵尚未开放的蘑菇，看起来像随地下蛋的母鸡丢下的一枚蛋。这是我采到的第一朵蘑菇。我第一次用手拿着蘑菇翻来覆去地看，带着好奇心观察着它的构造，正是这种好奇心激发了我观察的欲望。

不多会儿，我又找到了更多的蘑菇。它们的形状不同，大小不一，颜色各异。这可让我这个新手大开眼界了。它们有的像铃铛，有的像灯罩，有的像平底杯，有的长长的像纺锤，有的凹陷像漏斗，也有的圆圆的像半球。我看到一些蘑菇会瞬间变成蓝色，一些烂掉的大蘑菇上有虫子在爬。

还有一种蘑菇像梨子，干干的，顶上开了一个圆孔，像一个烟囱，当我用手指尖弹它们的肚子时，会从"烟囱"里冒出一缕烟来。这是我见到的最奇怪的蘑菇，我装了一些在兜里，有空时可以拿出来冒烟玩。当里面的烟散发完以后，蘑菇就成了一团像火绒的东西。

这片欢快的小树林给我带来了多少乐趣啊！我的自然科学知识几乎全是在这种一边观察大自然一边探索的过程中自学完成的，除了解剖学和化学。

在我就读的那所学校，科学教育最为薄弱。我一生中只上过两次自然科学课，一次是解剖课，另一次就是化学课。解剖课的老师是自然主义学者摩根·斯东教授，他给我们讲解了蜗牛的结构。这次上课的时间虽短暂,却卓有成效。从此,我在没有大师指点的情况下,就能操起解剖刀像模像样地解剖动物的内脏了。可那次上化学课,就没有这么幸运了。

那是一次化学实验课,老师给我们演示如何制造氧气,结果发生了蒸馏瓶爆炸事故,使许多同学受了伤,有一个人眼睛险些瞎了,老师的衣服也被烧成了碎片,教室的墙上溅上了许多斑点。幸亏我有先见之明,离得远,才使我能果断地快速反应,避免了损伤。不管怎样,这灾难性的一课对我来说是个重要事件。我有机会进入了那个化学药品室,得以见识那么多奇怪的器具。教学最重要的不是老师讲授了多少内容和学生理解了多少,而是在于是否激发了学生的学习潜能。激发潜能就像用火种去引爆沉睡的炸药。正是这次的化学课让我对化学产生了兴趣,总有一天,没有老师我也能学好化学。至少我学到了一件事,就是以后每当我做试验时,就让我的学生们尽可能离得远一点。

一直以来,我最大的愿望,就是想在野外建立一个实验室。可是,像我这样每天连维持生存的面包也没有办法做到的人,要在旷野里给自己建立一个实验室还真不是一件容易的事情。我以百折不挠的勇气跟穷困潦倒的生活斗争了四十年，就是想拥有一块小小的土地，把土地圈起来，让它属于我私人所有。寂寞，荒凉，任太阳曝晒，长满荆草，这些都是黄蜂和蜜蜂所喜好的环境。在这里，没有烦扰，我可以与我的朋友们，如狩猎蜂，用一种别人不理解的语言相互问答，这当中就包含了不少观察与试验呢。

我终于在一个荒僻的小村庄里得到了一块地。按当地人的说法，这是一块不毛之地，就是那种贫瘠荒芜、乱石遍布的荒地。这种地贫瘠得即使辛勤耕耘也收获无几。当春天偶尔下雨，长出一点儿草时，绵羊就会来光顾。不过，我的这块地由于在无数乱石中还有少许红泥土，所以，还能长点儿作物，据说从前这儿种过葡萄。的确，在后来的挖掘中，会在这儿那儿刨出一些葡萄藤的根茎，但由于时间久了，已经不能存活。太遗憾了，原先的植物已经没有，不再有百里香，不再有薰衣草，我不得不把它们重新栽种起来。

大量生长且无须我照料的是那些在起初经过翻动而后长时间没有过问的地里滋蔓着的植物，主要是狗牙草，其次是矢车菊。在纠缠盘绕的矢车菊丛中，样子凶恶的西班牙刺枞从这儿那儿冒出来，像树枝形状的大烛台似的，那大大的橘红色花朵就是火焰，而它的刺茎有钉子那么硬。长得比它高的是大翅蓟，它的茎孤零零、直挺挺的，有一二米长，顶端有一个玫瑰色的大绒球，它的盔甲不比刺柊差。要想在丛生的荆棘中观察膜翅目昆虫采蜜，必须穿着半高统靴，否则，你就得甘冒腿肚子被刺得出血的惩罚。

这就是我打算从此跟昆虫彼此亲密无间地生活在一起的极乐的伊甸园，是我经过四十年艰苦的努力才得来的属于我的乐园！

最早来乐园安居的是各种各样的蜂。这里面有会缝纫的黄斑蜂，有肚子下带着黑色、白色或者火红色花粉刷的切叶蜂，有穿着黑绒衣的石蜂，还有大声嗡嗡叫的泥蜂……

看，这是一只壁蜂，喜欢在蜗牛空壳的螺旋壁上建造巢房；那边是大头蜂和长须蜂，雄蜂有角高高翘起；还有毛斑蜂，在它那作为采蜜器官的后腿上有一支大毛笔；而隧蜂肚子纤细，土蜂种群繁多。

在沙土堆里，还隐藏着掘地蜂和狩猎蜂的蜂群，令人遗憾的是，这些可怜的掘地蜂和狩猎蜂们后来被无情的建筑工人给无辜地驱逐了。

在这个乐园里，还居住着许多蜘蛛，最厉害的是那种眼睛闪闪发光像小金刚钻似的，让大多数人看了都害怕的粗壮的狼蛛，不过它们却是敏捷的蛛蜂所喜欢的捕猎对象。在这里，你也会看到一些强悍勇猛的蚂蚁，它们派遣的兵蚁，排成长队从居住的兵营里出来，到远处去猎取它们发现的目标猎物。

在我住所附近的树林里，活跃着各种鸟雀。绿莺在丁香丛中筑巢，翠鸟定居在茂密的柏树叶丛间，麻雀把碎布和稻草运到瓦片下做窝，金丝雀在梧桐树梢歌唱，还有红角鸮和猫头鹰。

我整天与这些昆虫和小动物们待在一起。它们中有我以前熟悉的，也有我现在开始认识的。它们住在这里，每天捕获食物，建筑窝巢，繁衍它们的家族。

它们都是我的好朋友，我将在下面给大家一一介绍。

目 录

蝉

. . . .

一、蝉和蚂蚁的寓言

谁没听说过蝉呢？当然，我们多数人并不熟悉蝉的歌声，因为它居住在油橄榄树生长的地方。但是，只要读过法国作家拉·封丹寓言的人，大概都记得蝉曾受过蚂蚁嘲笑的故事吧。

寓言里说：整个夏天，蝉只是终日唱歌而不做事，蚂蚁则忙着储藏食物。冬天来了，蝉没有吃的，只好跑到它的邻居蚂蚁那里借粮食。结果蚂蚁问它：

"你夏天为什么不收集一点儿食物呢？"

蝉竟然毫不知耻地回答道："夏天我要歌唱，太忙了。"

于是蚂蚁毫不客气地说："好啊，那么你现在就跳舞去吧！"

　　这寥寥几句话成就了蝉的坏名声。而事实上，冬天根本就没有蝉。而蚂蚁们视为美味的麦粒、苍蝇或者蚯蚓，那也不是蝉需要的食物啊。事实上，拉·封丹压根就没有听过蝉鸣，也从未见过蝉。想必他心目中的这位歌手，肯定是个蝈蝈儿吧。因为，即便是在法国的乡村里，也不会有哪一个农夫会如此没常识地认为冬天会有蝉的出现。天气渐冷的时候，他们给橄榄树培土，这时经常可以看到挖出的蝉的幼虫。拉·封丹无视现实，随随便便地把蝉放到了寓言里，造成了蝉的坏名声，错误地刻进了孩子们的记忆里。

　　我承认它是一个讨厌的邻居。每年夏天，数以百计的蝉聚集在我家门前的两棵梧桐上，从早晨到夜晚，不停地聒噪，使我头昏脑涨，无法聚精会神地进行思考。但我还是要给这位被寓言诋毁的歌唱家昭雪。在真相面前，谬误总是不攻自破。

　　尽管有时，蝉与蚂蚁也确实打一些交道，但是这与前面寓言中所说的情况恰恰相反。蝉并不需要依靠别的昆虫生活。它从不到蚂蚁门前去乞讨，相反地，倒是蚂蚁为饥饿所迫乞求它。说乞求，其实还不确切。事实上，蚂蚁是厚颜无耻地去抢劫。而这一点，却并不为人所知。

　　七月流火，我们这里的昆虫干渴难耐，徒劳地在已经枯萎的花上跑来跑去地找水解渴。蝉则从容淡定，用它尖尖的喙刺入饮之不竭的甘泉。它坐在小灌木的一根细枝上，一边不停地歌唱，一边将喙刺进汁液饱满的树皮，美美地畅饮起来。继续观察，我发现附近很多干渴的昆虫，一发现"井"里流出的甜美浆汁，就纷纷聚拢而来。这些昆虫包括黄蜂、苍蝇、泥蜂和蛛蜂等，而最多的却是蚂蚁。

那些小个子想要到达井边，就钻到蝉的肚子下面。而主人却很大方地抬起身子，让它们过去。稍微大一点儿的昆虫，抢到一口，就赶紧跑开，到邻近的枝头去转一圈。它们再回来时，胆子就比刚刚大了许多，而且它们摇身一变就成了强盗，挤在井边想把主人赶走。

最可恨的强盗就是蚂蚁。我看到它们紧紧咬着蝉的爪尖，拉扯它的翅膀，爬上它的后背，甚至有一个胆大包天的狂徒，竟当着我的面，抓住蝉的吸管，想把它拔开。这位歌唱家被这些小个子弄得不耐烦了，就冲着这伙强盗撒了一泡尿，无奈地逃走了。蚂蚁才不在乎这种侮辱，它们要的是这口井。没了蝉的水泵汲水，这口井很快干了。于是蚂蚁们再等下次机会，趁机再痛饮一番。

可见，事实正与那个寓言完全相反。蚂蚁才是无耻的乞丐，而甘愿与不劳而获者分享食物的是蝉。还有一个例子，更能证明寓言确实颠倒了角色。五六个星期的歌唱后，蝉身衰力竭，从树上掉了下来。太阳晒干了它的尸体，这时被蚂蚁遇上了。它们就把它肢解，分成碎屑，用来充实它们的储备。甚至，我还看到，垂死的蝉的蝉翼仍在尘土中微颤，就有一队蚂蚁将它残忍地肢解了。这才是这两种昆虫之间的真实关系。

二、金蝉脱壳

临近夏至时，第一批蝉出现了。在人来人往、被太阳烤晒的小路上，地面上出现了一些指头般粗大的圆孔。蝉的幼虫就通过这些圆孔爬到地面上变成蝉。这些孔通常位于特别干燥且阳光充沛的地方，特别是道路两旁。

地穴的直径约二十五毫米，四周没有一点儿浮土。地穴深约四厘米，圆柱形，根据土质情况而略微有些弯曲，但总体上近于垂直。底部密封，四壁光滑，没有同其他地道相通的痕迹。能够自由地在洞内爬上爬下，对于幼虫是很重要的。因为当它要爬出去时，它必须得知道外面的天气如何，所以它要工作好几个星期，甚至一个月，来做一道坚固的墙壁，方便它上下爬行。

在洞穴的顶端，它留着手指厚的一层土，用以保护并抵御外面空气的变化，直到最后的一瞬间。只要有一些好天气的消息，它就爬上来，利用顶上的薄盖测知天气情况。如果外面天气不好——这对幼虫蜕皮成蝉是极其不利的，它就退回到洞穴底端耐心等待。但是如果天气温暖，它就用爪子推开"天花板"，爬到地面上来了。

根据地穴的深度和直径测算，幼虫挖土约有两百立方厘米。但泥土都搬到哪里去了呢？干燥的泥土，又是怎样被弄成泥

浆涂在墙壁上的呢?

蝉在地下要待四年。幼虫是个流浪儿,它从远方而来,把自己的吸管从一个树根插到另一个树根。它把地穴建在含有汁液的植物根须上,从这些根须中取得汁液,并用它来做灰泥。洞穴是在干土中挖成的,如果土一直保持干燥,就很难压紧压实,也不利于幼虫在地面爬行。通过仔细观察,我发现刚从洞里爬出来的幼虫身上总要带上点或干或湿的泥土,就像是一个刚刚掏完阴沟的清洁工。原以为会看到它满身尘土,但它却是一身污泥。

我挖出一只正在挖洞的幼虫,它的颜色比我通常看到的出洞的幼虫要苍白许多。它的眼睛非常大,特别白,浑浊不清,无法看清东西。而出了洞的幼虫的眼睛则是黑色的,闪闪发亮,能看清东西。因为这时它们需要去寻找可以用来蜕变的悬挂树枝,而在黑乎乎的洞中视力则毫无用处。苍白的幼虫比成熟时体型要大,身体里充满了液体,就像是患了水肿。用指头捏住它,它的尾部就会流出清亮的液体,弄得浑身湿漉漉的。为了方便下文描述,我在此就称这液体为尿吧。

这个尿液可以解释我们前文的疑问。是的,幼虫正是用它来制造泥浆的。它在向前挖掘时,随时将浮土浇湿,使之变为糊状,再用身体将它压贴在洞壁上。这种湿土便糊在了原先的干土上,形成泥浆,渗入泥土缝隙中去了。最稀的泥浆渗透到最里层,余下的被幼虫再次挤压,涂在空余的间隙中。这样,洞穴便畅通无阻,一点儿浮土都没有了。因此,我们看到的幼虫出洞时浑身泥污。成虫虽然摆脱了矿工的工作,但是却保留着尿袋用来自卫。当它感觉遇到危险时,便向对方射一泡尿,然后迅速飞走。虽然蝉性喜干燥,但在它的两种不同形态中,都是了不起的浇灌者。

出洞口被捅开之后,幼虫大张着嘴待在那儿,就像是被钻头钻出的一个孔。出了洞,幼虫在周围寻找一个支点,如细荆条、百里香丛、灌木枝等。找到之后,它便爬上去,用前爪牢牢抓住,头高高昂起。如果树枝很小,两只前爪的力量已经足够;反之,如果树枝有地方的话,幼虫会把其余的爪子也撑在上面。接着,它休息片刻,让悬着的双臂变硬,成为坚不可摧的支撑点。

这时,它的中胸开始蜕皮,先从背部的中线裂开,几乎与此同时,前胸也开始裂开。一只浅绿色的昆虫慢慢展现在我眼前。接着头罩从眼前横向裂开,露出它红色的双眼。裂开后的绿色蝉体鼓胀,在中胸形成鼓泡。由于血液的流动,鼓泡缓缓颤动。刚开始我还看不出鼓泡的作用,很快我就发现在这样的作用下,护胸甲从两条阻力最小的相交十字线间裂开。现在头和前爪都从壳里解放了出来。蝉体是水平挂着的,腹部朝上。外壳大开,后爪最后解放出来。蝉翼还涨满了液体,皱皱巴巴,像是弓状的残肢。蜕变的第一阶段只需要十分钟。

相比之下,第二阶段要相对漫长些。蝉体只有尾部还嵌在壳里。蜕下的皮继续附在树枝上,迅速变得干硬,并保持着刚刚蝉体破壳时的形态。这为蝉的下一个动作提供了着力点。这时的蝉体淡绿带黄,它垂直翻身,头向下。此前皱巴巴的蝉翼在体内液体的涌入下,现今伸直了。接着,蝉以难以察觉的动作,凭借腰部的力量又将身体翻转过来,恢复头朝上的姿势。它的前爪抓住空壳,用力将尾部从壳中解脱出来。这个过程耗费了半小时。

此时,它与之前迥然不同。它的双翼湿润、沉重且透明,上面有一条条浅绿色的脉络;胸部略呈褐色;身体的其余部分呈浅绿色,还有一处处的白斑。这小家伙需要长时间沐浴在阳光下,等待最后的成熟。将近两小时过去了,它只是用前爪钩住旧皮囊,而没有呈现出明显的变化。微风吹来,它随风轻轻飘起,还是那么翠绿,那么脆弱。最后,它的体色终于变深,越来越黑,半个小时后便完成了体色改变。上午九点的时候它栖在树枝上,到中午十二点三十分时,它振翅飞走了。

蜕下的旧壳质地坚硬,除了背部的裂缝外,毫无破损,并且牢牢地挂在那根树枝上。晚秋的风雨都没能把它吹落,甚至一整个冬天都挂在那儿。

三、纵声高歌

在雄蝉的胸部下,紧靠后腿的后面,有两块很宽的半圆形大盖片,右边的有一点儿覆盖在左边那片上,这就是它发音器官的音盖。掀起音盖,你会发现它的左右两边各有一个大空腔,普罗旺斯人把它叫作"小教堂"。这两个"小教堂"合起来就构成了一个"大教堂"。每个"小教堂"前面有一层柔软的黄色薄膜挡板；后面是一层干燥的薄膜，薄膜就像肥皂泡那样，呈现出七彩的彩虹色，普罗旺斯人把它叫作"镜子"。音盖、"大教堂"和"镜子"，就是人们通常所认为的发声器官。但事实上，这些并不是蝉的发声器官。如果你剪去音盖、打破"镜子"、撕碎那层黄色薄膜，蝉的歌唱并不会因此而消失。你所做的一切只是改变了它的音质，降低了它的声音而已。

真正的发声器官其实另有所在。在两个"小教堂"的外侧，蝉腹背交接处的边缘，有一个半开的纽扣大小的孔。小孔受角质外壳限制，而音盖又将它覆盖了起来。我们把这个小孔叫作音窗，它通向另一个空腔。这个空腔比毗邻的"小教堂"深得多，也窄得多。紧靠后翼连接点的地方，有一个微微的隆起物，大致是椭圆形的，亚光的黑色使它在周围带有银色绒毛的表皮中显得非常突出。这个隆起物就是音室的外壁。

在音室上打开个缺口，发声器官的音钹就出现在眼前。它是一块干燥的薄膜，白色，椭圆形，外凸，有三四根褐色的脉络分布在上面，增加了它的弹性。这个音钹牢牢固定在周围坚硬的框架上。想象一下，蝉把这块凸起的音钹往里拉，拉得凹下去一点儿，又在那褐色脉络的弹性下迅速地恢复到原来的凸起状态，于是，声音就在这来回地振荡中发出来了。

还记得二十多年前，整个巴黎都迷上了一种可笑的玩具。如果我没记错的话，这种玩具叫作"噼啪"或者"唧唧"。它是一根短钢片,钢片一头固定在金属座上。如果用大拇指把钢片挤压变形,再放手,让它弹回去,钢片就会在这样的力的作用下发出烦人的叮叮当当声。

蝉的膜状音钹和这钢片有着相似的发声原理。但是,"噼啪"借助大拇指的压力来变形,而音钹的凹凸是在怎样的作用下变形的呢?奥妙就在那层黄色薄膜后,撕破它就可以看到两条粗壮的肌肉柱。淡黄色的柱子像 V 字形一样相连,V 的结合处立在蝉腹背的中线上。与 V 字顶部两端相连处有两根又短又细的带子,这两根带子就连接着对应一侧的音钹。这两根肌肉柱的张弛伸缩牵动上面的两根带子,拉动各自的音钹,随之任由其弹回去。于是,这两个发生片就开始振荡发声。

你想证实一下这个发声器官的功效吗?很简单,用镊子夹住其中一条肌肉柱,小心拉动。于是,这位死去的歌唱家又开始歌唱了,但声音很小,因为共鸣器必须由活的歌手来控制操作。反之,如果你要把一只活蝉弄哑呢?折磨它是没有用的,它仍旧会不停高歌。敲碎"镜子",砸破"小教堂",都是徒劳的。但是,如果你将一根大头针从我们称为音窗的侧孔刺进去,刺一下音室尽头的音钹,这样尽管蝉还是像刚刚一样活蹦乱跳,但是它已经沉默下来。不知内情的人都对我的针刺法惊叹不已。巧妙的针刺一下,对蝉几乎没有什么生命危险,却比剖开蝉的肚子还有效。

蝉的音盖牢牢嵌在身上,本身是固定不动的。它腹部的鼓起和收缩使得"大教堂"打开和关闭。肚子收缩的时候,盖板恰好堵住"小教堂"和音室的音窗,因而声音显得微弱、喑哑;当它的肚子鼓起来的时候,"小教堂"半张着,音窗打开了,因而声音嘹亮到了极点。腹部的急速振荡变化,同步牵动音钹的肌肉柱,声音的音域也随之变化。

在炎炎夏日的中午,没有一丝风,蝉就会把它的歌唱分成一段一段的,每段持续几秒钟,中间用短短的休止符分隔开。每一段歌声都是突然开始,随着腹部收缩越来越快,声音迅速冲上顶峰。响亮的歌声持续几秒钟,接着逐渐降低,进而变成一种呻吟,腹部也随之休息。在腹部的最后几次收缩之后,蝉就安静了下来。这段时间的长短随具体的空气状况而变化。然后,新的一段歌唱又拉开了序幕,那只是一成不变的重复,无止无休,不厌其烦。

蝉与我比邻而居,已有十五年了。每个夏天差不多有两个月之久,它们总不离我的视线,而歌声也不离我的耳畔。我经常看见它们在柔枝上排成一列,歌唱者和它的伴侣比肩而坐,吸管插到树皮里,动也不动地狂饮。夕阳西下,它们就沿着树枝用慢而且稳的脚步寻找温暖的地方。无论是饮水还是走动时,它们都未停止过歌唱。

有时候,特别是在闷热的傍晚,蝉完全陶醉在阳光中,就缩短中间休止符的时间,甚至取消了休止符。歌声一直持续下去,就这样渐强渐弱地交替进行。大概早上七八点,它们就早早地开唱了,一直到晚上八点左右,夜幕降临之时它们才会停止歌唱。也就是它们一天中有一半的时间都在歌唱。但是,如果是阴天,或者冷风嗖嗖的时候,它们就会歇工。

蝉的视觉十分敏锐。它的五个视觉器官,会告诉它左右以及上方有什么事情发生,只要看到我们走近,它会立刻停止歌唱,悄然飞去。但是,当你站在它的背后讲话、吹哨子、拍手、撞石子时,大声歌唱的蝉却仍继续发声,好像什么事情也没发生似的。通常,要是一只小鸟听到比这些更小的声音,即便没有看见你,也早已因受惊而扑扇着翅膀飞走了。

有一次,我借来几根镇上办喜事用的礼炮,里面装满火药。就是政治家巡回竞选的时候,也没有获得这么多礼炮的殊荣呢。我很小心地把窗打开,以防玻璃被震碎。我将炮放在门外的梧桐下。在头顶树枝上的蝉,看不见下面发生了什么,所以我连伪装都省了。

我和五个朋友在下面,热切地等待欣赏头顶上的乐队的反应。"砰!"炮放出去,声如霹雳。可头上的那些家伙一点儿也没受到影响,仍然继续引吭高歌。它们没有表现出一点儿惊慌失措的样子,歌唱的节奏也一如往昔。又放了第二炮,它们还是没受到任何影响。

通过这个实验,是否就能断言蝉听不见声音呢?我不敢贸然下定论,但是如果胆大的人因此肯定这个推论,我也无话反驳。至少我承认一点,那就是蝉听觉迟钝,可以用这个著名的俗语形容它:喊叫得像个聋子。

那么，昆虫是否需要这种响亮的歌声来吸引对方，表露心中的爱恋呢？通过观察许多昆虫，你都可以发现，两性的靠近可以让彼此安静下来。所以，蝈蝈儿的小提琴、雨蛙的风笛和蝉的音钹，我都只看成是它们表达生活乐趣的一种方式。即便有人向我证实蝉的歌唱不是为了吸引异性、繁殖后代，而仅仅是为表达心中的快乐，正如我们在快乐时搓手一样，我也绝不会感到惊讶。即便在这种合唱中还有什么次要目的，那也是有可能的，但是迄今还没有人证实这一点。

四、破卵而出

在我周围，蝉除了在桑树上产卵之外，还在桃树、樱桃树、柳树和女贞树上产卵。但事实上，这些产卵地都不是蝉所喜欢的。通常，蝉喜欢把卵产在干燥的细枝上，从麦秸到笔杆粗细的都行。细枝绝不能卧在地上，而应该接近垂直，即便是断枝，也必须是直立的。枝条最好修长、匀整且光滑，以便能容下所有的蝉卵。

在我所收集的植物中，蝉最喜欢的是木髓丰富的禾本科草木的枝条，还有生长到一米多高才分枝的阿福花的茎秆。无论是哪种植物，能供产卵的都必须是完全干枯的、死了的植物。即便不是死的，那也需要枝条本身非常干燥。

蝉找到合适的细枝，就开始它的穿刺工作。它用胸部尖利的工具在细枝上沿直线刺一排小孔——这样的孔好像是用针自上而下斜刺下去的,把纤维撕裂,使其微微凸起。如果雌蝉不被打扰,在一根枯枝上,它可以刺三四十个孔。每一个孔都通向细枝髓质部分斜斜的洞穴。产卵时被钻开的木质纤维,在产卵过程结束后又重新合拢。

蝉是一个庞大的家族。它们之所以产这么多的卵,是为了防御一种特别的危险。经过多次观察,我才知道这种危险是什么——一种小飞蝇。将它们的大小进行比较,蝉简直就是庞然大物!

小飞蝇和蝉一样,也有穿刺工具。它们位于身体下面靠近中部的地方,伸出来时与身体垂直。蝉卵刚产出,等待在一旁的小飞蝇就立刻把自己的卵注射进去。不久之后,这些卵会抢先孵化,以洞穴中的蝉卵为食,取代蝉的后代,独占一间居室。这一切就发生在雌蝉身后。它只需对身后的强盗轻轻一踏,就可以踩扁它们。我曾见过三只小飞蝇同时预备掠夺一个可怜的母亲。它们就站在蝉的脚边,有的已经将针刺进蝉卵,有的还在等待继续产卵的蝉。

哦,可怜的产妇啊,你还是没有吸取几个世纪以来的教训!你的目光那么敏锐,如何就看不见身后肆无忌惮的强盗呢?你肯定看到了,那么你怎么能任由它们胡作非为呢?快转过身来,踩死这些可恨的侏儒吧!可惜你不会这样做,不会改变自己的本能。

蝉卵是什么样子的呢?以南欧熊蝉为例,它的卵是白色的,具有象牙般的光泽。它们是长形的,两头尖如圆锥,就像是微型纺织梭。蝉卵长 2.5 毫米,宽 0.5 毫米,成行排列,彼此稍有重叠。九月还没结束,蝉卵就变成麦子般的金黄色了。十月初,卵的前部出现了两个明显的栗色小圆点,这是正在成长中的小蝉的眼睛。我急切地想知道新生的蝉是如何出洞的。

尽管我的探访很频繁,我还是没能亲眼见到小蝉的出洞。后来,我已经不抱任何希望了。十月二十七日,我把一捆有蝉卵的干枝条放到了工作间里。我本来准备再观察一次蝉卵,如果还是不行就彻底放弃。那天清晨很冷,我已经在室内点起了第一堆火。我把那些干枝条放在炉前的椅子上。那时我根本没想过火的热度对蝉卵的孵化有什么作用。

然而,当我用放大镜观察那些蝉卵时,我竟然看到了蝉卵的孵化过程。干树枝上,幼虫十几只十几只地从小孔里冒出来。这么多的数量极大地满足了我这个观察者的野心。当时恰逢那些蝉卵成熟,火炉又给它们提供了阳光照射般的温暖环境。

幼虫从卵里钻出来,它的头形和黑眼睛让它看起来比卵还像一条鱼。它腹部上的鳍状物更加增强了这种相似。鳍状物由两条前腿连在一起组成,套在一个特别的套子里,并拢伸直地放在身体的后半部分。这种鳍可以活动,也许可以帮助幼虫冲出卵,并且帮它爬出有木质纤维的树枝。此时,小家伙已经可以利用尾钩前进了,那两条腿也对它的前进起辅助作用。其他四条腿此时还毫无生机地包在一个套子里，触须也是如此。总的来看，这个小家伙就像是一条光滑的小白船，两条前腿并在一起在身后形成一支向后的单桨。它的体节非常清楚，尤其是腹部。

现在，一个小家伙露出了脑袋。它把钻开的碎木纤维微微顶开，极其缓慢地前进着。我至少等了半个小时，才看到它几乎完全钻出了卵，而尾部还留在孔内。小家伙从前到后地蜕去皮。蜕下的皮像一根丝线般悬着，末端像铲斗一样张开。幼虫的腹部就嵌在铲斗里。在落地之前，小家伙就在这里进行日光浴，汲取力量，蹬蹬双腿，试试它的力气，懒洋洋地在绳端摇摆。

它一开始是白色的，慢慢就变成了琥珀色。幼虫的触须较长，轻轻颤动着。它前腿的爪子可以自由地张合，看上去挺粗壮。它靠后腿悬挂着，在微风中摇摇晃晃的，准备着像体操运动员那样翻着跟头落到世间。这是我见过的最为奇特的表演。小家伙们悬挂的时间并不一致，有的只需半个小时，有的却要等到第二天。

幼虫落地后，它们蜕下的外套留在原地。当树枝中所有的住户都走光后，洞穴口就被那些悬着的皮覆盖了，而皮的末端则消散在风中。

那些降落到地上的小家伙们，过去一直生活在层层保护中，娇嫩无比。而现在，它们必须要到残酷的世间去，种种难以预料的危险就埋伏在它们周围。微风这个温柔的杀手会带它们到坚硬的岩石上、车辙的积水中、不毛的沙地里，或是坚硬无比的土地上。这些就足以致命，而在十月这个多风的萧瑟季节，大风也来得非常频繁。

这些娇弱的小家伙需要一块松软的栖身之地。天气逐渐转冷，霜冻就要来了，再迟一些就有死亡的危险。它们不得不四处寻找软土，然后赶紧钻进去。毫无疑问，它们之中就有许多死在了寻找住所的路上。这也说明，正是为了保存种族，母亲们才要一次性产下那么多的卵。

为了了解幼虫的生活状况，我给它们布置了一个人工的环境——一只长着植物的花瓶。我把花瓶放在工作间的阳台上，这样就给它们提供了与室外相同的生活环境。这些小家伙就在那里安家了。它们消失在自己挖好的洞穴中。

一个月后，也就是十一月，我又去察看。小家伙们各自单独蜷缩着，并没有依附在根须上。比起前一阵子，它们显得更加虚弱了。难道它们整个寒冬都不吃不喝吗？

等到四月的时候，我把它们挖出来，却发现它们已经死了。也许是太冷，也许是因为饥饿。我还是无法知道这一阶段它们是否要依附在植物根须上。因为挖掘肯定会惊动幼虫，此时即便它在根须上，也会抽出吸管，退回到地穴中去。

几个好心的农夫在翻地的时候，把他们挖到的幼虫带给我。因此，我收集到了几百只幼虫，根据它们的体型差异，我推断出南欧熊蝉在地下大概要住上四年。四年的地下劳作,加上一个月在骄阳下引吭高歌,这就是蝉的一生了。所以,请不要责备蝉的狂热歌唱了,因为它们已经在地下蛰伏了四年,才见到了太阳,这是多么来之不易而又短暂的幸福啊,即便歌唱得再响亮也不足以表达它们心中的狂喜啊!

夜晚歌唱家绿蝈蝈儿

现在正值七月中旬，从气象学来说，三伏才刚刚开始。但实际上，酷暑早就到了，几个星期以来，简直是酷热难当。

晚上，村子里正在庆祝国庆。孩子们围着篝火欢蹦乱跳，火光映在教堂的钟楼上，鼓声随着烟花的上升而庄严地敲响，而此时，我独自在习习晚风中，伫立在暗处，侧耳细听田野间那欢快的音乐会。这场昆虫音乐会，比此时在村中广场上由烟花、篝火、纸灯笼，尤其是劣质烧酒组成的晚会更加庄严壮丽。它美丽而简朴，恬静却充满了力量。

夜，已深了。蝉鸣渐止。歌唱家们已经饱尝了炎热与阳光，尽情欢唱了一整天。而夜晚来临时，它们该休息了，但是它们却常常被打扰。

梧桐树那浓密的枝杈里，会突然传来一声短促而凄厉的叫声。这是蝉的绝望哀号，它被绿色的蝈蝈儿捉住了。绿蝈蝈儿向蝉扑去，拦腰将其抱住，把它开膛剖肚。杀戮，继欢歌之后而来。似乎为了更好地领略欢乐，就必须加上痛苦这个因素。就算是在我们这个安静的村庄里，如果没有发生打架斗殴的这份欢庆的佐料，那么节日就不会结束。

让我们远离尘嚣，去沉思吧！当蝉还在挣扎的时候，梧桐树上的联欢会还在进行着，只是换了乐队。现在轮到夜晚的歌唱家们上场了。在暗哑而又连续不断的低音中，时不时传来一声非常急促、近乎金属撞击般的清脆响声，这便是蝈蝈儿的歌唱了。歌中夹杂着间歇的沉默，此外则是伴唱。然而它们的声音是微弱的，尽管我身边有十几只蝈蝈儿在合奏，但是如果不仔细听就难以捕捉到。它的发声器只是一把小小的带刮板的扬琴，哪里比得上那些有风箱、肺可以发出震动气流的昆虫啊！我的小心肝，如果你的琴声再响一点儿，那你就比蝉更胜一筹了。

在我家附近，绿蝈蝈儿似乎并不常见。去年，我就一直没有找到过它。今年，运气来了，今夏随处可见它们的身影。从六月份起，我便把捉到的一对对绿蝈蝈儿关进一只金属网钟形罩中，下面是一只瓦罐，里面铺了一层沙子。这漂亮的昆虫全身淡绿，身体两侧有两条淡白色的丝带。它体形优美，一对大翅膀轻薄如纱,是蝗科昆虫中最漂亮的。

我给这帮"囚徒"喂莴苣叶。它们吃了,但是吃得很少,一副不喜欢吃的样子。我很快就弄明白了:我养的是一些不太乐意吃素的家伙,它们需要活食,但究竟是哪种活食呢?一个偶然的机会,我揭开了谜底。

这天清晨,我出门散步,突然旁边一棵梧桐树上掉下点什么东西,还吱吱地叫。我赶忙跑上前去,只见一只蝈蝈儿正在啄一只蝉的肚腹。蝉徒劳地鸣叫、挣扎,蝈蝈儿始终紧咬住不放。它把脑袋深深扎进蝉的肚子里,一口一口地把肠子撕拽出来。

我明白了,蝈蝈儿是一大早在树的高处趁蝉休息时发动偷袭的。遭袭的蝉猛然一惊,随之进攻者和被袭者扭成一团跌落下来。我甚至见到过蝈蝈儿蹿起追扑晕头转向急于逃命的蝉,就像是在高空中追逐云雀的苍鹰。但苍鹰进攻比它弱的东西,而蝈蝈儿则进攻比自己个头儿大很多的东西。

蝈蝈儿有极强的下颚和利爪,很少不把对手开膛剖肚的。而后者因为没有武器,只有哀号和挣扎的分了。

我找到了我的"食客们"所喜欢的食物了,我就用蝉来喂养它们。它们对这道菜非常满意。两三个星期的工夫,我那笼子里就一片狼藉,蝉脑袋、空胸壳、断翅膀、断肢碎爪,无处不在。只有肚子几乎整个不见了,说明蝉的肚腹是块好肉,虽然肉不多,但似乎味道不错。的确,蝉腹中的嗉囊里存积着糖浆,那是蝉用自己的小钻从树皮里汲取的香甜液汁。是否就因为这种蜜饯的缘故，肚腹才比其他部位更受欢迎呢？很可能是这样。

为了使食谱多样化，我还专门喂它们一些香甜的水果，比如梨片、葡萄、甜瓜片等。这些水果它们也都很爱吃。

绿蝈蝈儿就像英国人一样，非常喜欢蘸了果酱的带血牛排。也许这就是为什么它一抓住蝉，就先吃肚子的缘故——肚子里装着裹着果酱的鲜美肉食啊。

不是在任何地方都可以吃到蝉的。为了弄清绿蝈蝈儿是否还吃别的昆虫。我给它们喂细毛鳃角金龟。这种鞘翅昆虫一扔进笼子里，绿蝈蝈们便毫不迟疑地扑上去，吃得只剩下鞘翅、脑袋和爪子了。我又投进去漂亮而肉肥的松树鳃角金龟，结果也一样，因为第二天我发现它被那帮凶神恶煞给开膛剖肚了。这说明绿蝈蝈儿喜欢吃昆虫，尤其喜欢吃没有硬甲胄保护的昆虫。

它们喜欢吃肉，但又不像螳螂那样只吃肉。它们吃水果的甜浆，在没有食物的时候，它们也吃草。

绿蝈蝈儿有时也存在同类相残的情况。在我笼子里，从来没有蝈蝈儿像螳螂那样猎杀姐妹、吞食丈夫的。但是如果某个蝈蝈儿死了，活着的一定不会放过吃它尸体的机会。它们会像对待一般猎物那样，毫不迟疑地扑上去。它们吃同伴的尸体并非因为食物的匮乏，而是因为贪婪。

凡是身有佩刀的昆虫都不同程度地有以死伤的同伴为食

的癖好。撇开这一点不谈,我笼子里的绿蝈蝈们倒是和平共处地生活着。它们彼此间从不争吵斗狠,顶多也就是因食物而有点儿敌对行为而已。

我扔进笼子里一片梨,一只绿蝈蝈儿便立即霸占了它。如果有别的绿蝈蝈儿来争抢,它就把前来的争食者踢走,等吃饱了,再把位子让给另一只绿蝈蝈儿,而后者随即也霸道地独占着梨片。这样一只接着一只,到最后所有的绿蝈蝈儿都能品尝到一口美食。

吃饱喝足之后,大家便用喙尖挠挠脚掌心,用爪子蘸点唾沫擦擦脸和眼睛,然后用爪子抓住网纱或躺在沙地上消化食物。

它们在白天的大部分时间都在睡大觉,尤其是天气炎热时。到了夜幕降临时,它们就开始兴奋起来了。晚上九点时,它们的兴奋达到高潮。它们忽而纵身跃上网顶,忽而又兴冲冲地下来,一会儿再冲上去。大家乱哄哄地来来去去,在环形跑道上跑跑跳跳,遇上好吃的便咬上两口,但并不停下来。雄性蝈蝈儿待在一旁,用触须挑逗路过的雌性蝈蝈儿。未来的母亲们神态端庄地踱着步,佩刀半举着。对于这些狂热的雄性蝈蝈儿来说,当前的大事就是交尾了。

蝈蝈儿的婚礼前奏延续的时间很长。热恋的情侣面对面,几乎头碰头地用各自的柔软触角长时间地彼此触摸,互相试探着。第二天上午,雌蝈蝈儿产卵管下面吊挂着一个奇特的玩意儿。这是一个乳白色精囊,豌豆大小,隐约地分成一些蛋形囊泡。当雌蝈蝈儿走动时,那"小灯泡"擦着地,粘上一些沙粒。两小时后,精囊里面空了,它便咬住精囊,反复咀嚼,一块一块地吃着,最后再全部吞下去。还不到半天的时间,精囊就被它吃光了。

这种行为和地球上的习俗相差太远了。蚱蜢类昆虫是陆地上最古老的动物之一,这些昆虫的世界是多么怪异啊!

蟋　蟀

．．

一、远离尘嚣的陋室

居住在草地里的蟋蟀，差不多和蝉齐名。它之所以如此美名远播，主要是因为它的住所，还有它出色的歌唱才华。只占有这其中任何一项，都不足以让它们成就如此大的名气。动物故事学家拉·封丹对它的评价只寥寥数语，仿佛并没有注意到这种小动物的天才与名气。如果没有这种忽视，蟋蟀一定会更加出名的。

另外，法国寓言作家弗罗里安曾经写过一篇关于蟋蟀的寓言故事，但可惜的是缺乏真实性和幽默感。而且，这位寓言作家在这个蟋蟀的故事中写道：蟋蟀并不满意它的生活，在哀叹它自己的命运！事实可以证明这是错误的。因为,无论是什么样的人,只要曾经亲自研究过蟋蟀,观察过它们的生活情况,都会感觉到蟋蟀对于自己的住所,以及它们天生的歌唱才能,是非常满意的。而且,这位寓言作家也承认了蟋蟀的这种满足感。他写道:

"我多么喜欢我深深隐居的地方啊,

想要快乐生活,就隐居在这里面吧!"

我觉得我朋友写的一首寓言诗表达得更加有力,更加真实!我把它抄在下面:

蟋　蟀

曾有个故事这样讲述:

从前有只可怜的蟋蟀,

在它家门口晒着太阳。

蝴蝶趾高气扬地飞过,

她拖着那骄傲的尾巴,

衣着光鲜地轻轻飞过,

金色斑点与黑色饰边,

还有弯月形蓝色花纹。

隐士说:飞吧,飞吧,

整天在花丛中飞舞吧,

不论菊花白,玫瑰红,

都比不上我简陋的家。

突然刮起了狂风暴雨,

蝴蝶落入了泥沼之中，

它的翅膀上满是泥污，

丝绒衣服也染了污点。

蟋蟀在家中安然无恙，

任外面风雨雷电交加，

它悠然自得欢乐歌唱，

风暴不足以使它惊慌。

别在花丛中寻欢作乐，

别到处游逛虚掷时光，

身居陋室过安静生活，

免得你将来泪水汪汪。

从这首诗里，我们可以认识一下可爱的蟋蟀了。我经常可以看到蟋蟀在洞口卷动着它们的触须，腹部放在凉快的地方，背朝着太阳。它们一点儿也不妒忌那些在空中翩翩起舞的蝴蝶。相反，蟋蟀反倒有些同情它们。它们的那种怜悯的态度，就好像我们常看到的一样，那种有家庭的人，能体会到有家的欢乐的人，每当讲到那些无家可归、孤苦伶仃的人时，都会流露出一样的怜悯之情。蟋蟀也从来不诉苦、不悲观，它一向是很乐观的、很积极向上的。它对于自己拥有的房屋，以及它的那把简单的小提琴，都相当满意。

从某种意义上来说，蟋蟀是个正宗的哲学家。

蟋蟀喜欢挑选排水条件优良、阳光照射充足的地方做巢。

它似乎清楚地懂得世间万事的虚无缥缈，并且还能够感觉到那种远离尘嚣、独自享受安静的陋室的乐趣。

对于我，一个自然学者而言，前面提到的两篇寓言中，最为重要的一点，就是蟋蟀的巢穴。所以蟋蟀首先引起人们注意的，毫无疑问就是它的巢穴。它的住宅，甚至吸引了诗人的目光，尽管他们常常很少能注意到真正存在的事物。

确实，在建造巢穴方面，蟋蟀可以算是超群出众的了。昆虫中只有它在成年后有固定的住所，这是心灵手巧的结果。在秋冬季节，大多数其他种类的昆虫，只是在一个临时的隐避所里栖身，暂且躲避自然界的风雨。它们的避难所得来方便，因而在放弃的时候，也不会觉得可惜。

有些昆虫也会制造出一些奇妙的东西，以便安置它们自己的家。比如，棉布袋子，用各种树叶制作而成的篮子，还有那种水泥制成的小塔等等。有很多的昆虫，它们在某个地方长期埋伏着等待时机，以捕获自己期待已久的猎物。例如，虎甲虫常常挖掘出一个垂直的洞，然后，利用它自己平坦的、青铜颜色的小脑袋，塞住洞口，伪装成大门。一旦有其他种类的昆虫涉足这个用来诱捕的大门时，虎甲虫就会立刻行动，毫不留情地掀起门来捕捉它。于是，这位倒霉的过客，就这样落入虎甲虫精心伪装起来的陷阱里，一命呜呼了。另外一个例子是蚁狮。它会在沙子上面，做成一个倾斜的隧道。这里的牺牲者是蚂蚁。蚂蚁一旦误入歧途，便会从这个斜坡上不由自主地滑下去，然后，马上就会被一阵乱石击毙。这条隧道中守候猎物的猎人，把颈部做成了一种投射器，投射出沙石。

但是，上面提到的例子统统都只是一种临时性的避难所或是陷阱而已，实在不是什么长久之计。昆虫住在经过辛苦劳作建造的家里，无论是朝气蓬勃、生机盎然的春天，或者是寒风刺骨、漫天雪飘的冬季，都不用搬家。这样一个真正的住所，是为了安全以及舒适而建的，是从长远的角度考虑的，而并不是像前面所提到的那样是为了狩猎而建的。只有蟋蟀的家是为了安全和温馨而建造的。在一些阳光倾泻的草坡上，其他的昆虫正过着孤独流浪的生活，或许是卧在露天地里，或许是埋伏在枯树叶、石头和老树的树皮底下，蟋蟀却拥有一个固定的居所。

要想建造一个稳固的住宅，并不是那么简单的。现在对于蟋蟀、兔子或者是人类，已经不再是什么大问题了。在离我的住地不太远的地方，有狐狸和獾猪的洞穴，绝大部分只是由不太整齐的岩石构建而成的，而且一看就知道这些洞穴都很少被修整过。对于这类动物而言，只要能有个洞避风雨也就可以了。相比之下，兔子要比它们更聪明一些。如果没有天然的洞穴可以供兔子们居住，以便躲避外界所有的侵袭与烦扰，那么它们就会寻找自己喜欢的地点进行挖掘。

然而，蟋蟀则要比它们中的任何一个都聪明。在选择住所时，它瞧不上那些偶然碰到的天然的隐避所。它总是非常慎重地为自己选择一个最佳的家庭住址。它们很愿意挑选那些排水条件优良,并且有充足而温暖的阳光照射的地方。蟋蟀宁可放弃那种现成的天然而成的洞穴,因为这些洞都不合适,而且它们都建造得十分草率,没有安全保障。有时,其他条件也很差。总之这种洞不是首选对象。蟋蟀要求自己的别墅每一点都必须是自己亲手挖掘而成的,从它的大厅一直到卧室,无一例外。

除人类以外,至今我还没有发现哪种动物的建筑技术要比蟋蟀更加高超。即便是人类,在用混合沙石与灰泥使之凝固,以及用黏土涂抹墙壁的方法尚未发明之前,也不过是以岩洞为隐避场所。那么,为什么单单蟋蟀能够居住得尽善尽美呢?最为低下的动物,却可以居住得非常完美和舒适,有很多文明的人类所不知晓的优点:它拥有自己的家,是安全可靠的隐藏场所,并有享受不尽的舒适感,同时,在它家附近,谁都不可能居住下来,成为它们的邻居。除了我们人类以外,没有谁可以与蟋蟀相比。

这样一种小动物,它怎么会拥有这样的才能呢?难道说,大自然偏向它们,赐予了它们某种特别的工具吗?当然不是。蟋蟀可不是什么掘凿技术方面的一流专家。实际上,人们也仅仅是因为看到蟋蟀工作时的工具非常柔弱,所以才对蟋蟀建造出这样的住宅感到十分惊奇的。

那么,是不是因为蟋蟀的皮肤过于柔嫩,经不起风雨的考验,才需要这样一个稳固的住宅呢?也不是。因为在它的同类兄弟姐妹中,也有和它一样,有娇嫩的、感觉十分灵敏的皮肤,但是,它们并不害怕在露天待着。

那么，它具备的高超的建筑才能，是不是由于它的身体结构上的原因呢？它到底有没有进行这项工作的特殊器官呢？答案还是否定的。在我住所的附近地区，分别生活着三种不同的蟋蟀。这三种蟋蟀，无论是外形、颜色，还是身体的构造，都和一般田野里的蟋蟀非常相像。在开始时，我经常把它们当成田野中的蟋蟀。然而，就是这些由一个模子刻出来的同类，竟然没有一个晓得究竟怎样才能为自己挖掘一个安全的住所。其中，有一只身上长有斑点的蟋蟀，它只是把家安置在潮湿地方的草堆里边；还有一只十分孤独的蟋蟀，它自个儿在园丁们翻土时弄起的土块上流浪；而更有甚者，如波尔多蟋蟀，甚至大胆地闯到了我们的屋子里来，从八月到九月，它独自待在那些既阴暗又凉爽的地方，幽幽地唱着歌。

继续探讨下去是毫无意义的，因为那些问题的答案统统都是否定的。如果寄希望于从蟋蟀的体态、身体结构，或是工作时所利用的工具上来寻找答案，来解释那些疑问，都是不可能的。长在昆虫身上的所有的东西，都无法提供给我们满意的解释。在这四种相互类似的蟋蟀中，只有一种能够挖掘洞穴。由此我们可以得知，我们对本能的由来是非常无知的。

有谁会不知道蟋蟀的家呢？哪一个人在他孩提时期，没有到过这位"隐士"的房屋前去观察过呢？无论你怎样小心，脚步是如何轻巧，这个小家伙总能发觉。然后，它立刻警觉起来，马上躲到更加隐蔽的地方去。而当你好不容易才接近小蟋蟀的定居地时,这座住宅已经是人去楼空了。

　　我想,凡是有过这种经历的人,都会知道如何把这些隐匿者从躲藏处引出来。你可以拿起一根草,把它放到蟋蟀的洞穴里去,轻轻地摇动几下。这样一来,小蟋蟀肯定会认为地面上发生了什么事情。于是,这只心痒难耐的蟋蟀便从秘密的房间跑上来。然后,停留在过道中,迟疑着,同时,鼓动着它细细的触须认真而警觉地打探着外面的一切动静。然后,它才渐渐地跑到有亮光的地方来。只要这个小东西一跑到外面来,便是自投罗网,很容易就会被人捉到。因为,前面发生的一系列事情,已经把我们这只小蟋蟀的简单的头脑给弄迷糊了!假如这一次小蟋蟀逃脱掉了,那么,它将会变得更加机警,不会再轻易地涉险。在这种情况下,就不得不选择其他的对付手段了。比如,你可以往蟋蟀的洞穴中倒一杯水,把蟋蟀逼出来。

　　孩童时代的我们,跑到草地里去,到处捉蟋蟀,捉到以后,就把它们带回家放在笼子里,采来一大把新鲜的莴苣叶子来喂它们。那些日子真值得怀念啊!

　　现在,回过头来谈谈我这里的情况吧。为了能够更好地研究它们,我到处搜寻着它们的巢穴。在那些青草丛中,一个有一定倾斜度的隧道挖在朝阳的斜坡上。在这里,即便是下了一场滂沱的暴雨,也会立刻就干了的。这个隐蔽的隧道,最多不过有二十五厘米深的样子,像人的一根手指头那样宽。隧道按照地形的情况和性质,或是弯曲,或是垂直。差不多如同定律一样,总是要有一叶草把这间住屋半遮掩起来，其作用是很明显的，如同一扇照壁一样，把进出洞穴的孔道遮蔽在黑暗之中。蟋蟀在出来吃周围的青草的时候，决不会去碰这一叶草。那微斜的门口，仔细用扫帚打扫干净，收拾得很宽敞。这里就是它们的一座平台，每当四周一片静谧的时候，蟋蟀就会悠闲自在地坐在亭阁里拨动它的琴弦。

屋子的内部并不奢华，但也不粗糙。房子的住户有很多空闲的时间去修整太粗糙的地方。隧道的底部就是卧室，这里比别的地方修饰得略微精细些，并且宽敞些。大体上说，这是个很简单的住所，非常清洁，也不潮湿，一切都符合卫生标准。从另一方面来说，假如我们考虑到蟋蟀用来掘土的工具十分简单，那么可以说这真是一个伟大的工程了。如果想要知道它是怎样做的，它是什么时候开始这么大的工程的，我们一定要追溯到蟋蟀刚刚产卵的时候。

二、来到世间

想要看到蟋蟀产卵，无须费力准备，只要你有耐心就行了。四月，最迟五月，我把一对蟋蟀单独放在花瓶里，里面铺一层土，压实，放上莴苣叶作为食物，然后盖上玻璃板，防止蟋蟀逃掉。

六月的第一个星期，雌蟋蟀把排卵管插入土中很长时间，然后拔出，漫不经心地消除掉孔洞的痕迹。蟋蟀只把卵产在土里,深约二十一毫米。卵呈草黄色,圆柱形,两端浑圆,长约三毫米,一个个垂直排列在土中,总数有五六百个。这卵真是一种奇妙的小机械,孵化以后,看起来很像一只灰白色的长瓶子,瓶顶上有一个孔,孔边上有一顶小帽子,像一个盖子一样。

卵产下两个星期以后,前端出现两个大的黄黑点,是一个幼虫的眼睛。幼虫穿着紧紧的衣服,还不能完全辨别出来。在这两点中上面的一点,就在长瓶的顶端,你可以看见一条环绕着的、薄薄的、突起的线。壳子将来就在这条线上裂开。因为卵是透明的,我们可以看见这个小动物身上长着的节。现在是应该注意的时候了,特别是在早上的时候。

运气总是眷顾有耐心的人,我的坚持不懈得到了回报。在突起的线的四周,壳的抵抗力会渐渐消失,卵的一端逐渐裂开,被里面的小动物的头部推动,升起来,落在一旁,像小香水瓶的盖子一样,然后小家伙就从瓶子里跳了出来。

当它出去以后,卵壳还是长形的,光滑、完整、洁白,盖子挂在口上的一端。鸡卵破裂,是小鸡用嘴尖上的小硬瘤撞破的;蟋蟀的卵做得更加巧妙,与象牙盒子相似,能把盖子打开。它的头顶,已经足可以做这件工作了。蟋蟀整体上比较短粗,而且卵在地下也不过几天,出来时只要穿过粉状的泥土就可以了,用不着和土地相抗争。因此它们不需要凭借外套来钻出土地,于是它就把这件外衣抛弃在卵壳里了。

当幼虫脱去襁褓时,身体差不多完全是灰白色的。它开始和眼前的泥土战斗了。它用大腮将一些毫无抵抗力的泥土咬出来,然后把它们打扫在一旁或干脆踢到后面去,很快它就可以在地面上享受着阳光,并冒着和它的同类相冲突的危险开始生活,可它还是这样一个弱小的家伙,还没有跳蚤大呢!

二十四小时以后,它变成了一只漂亮的小黑虫,这时它的黑檀色足以和发育完全的蟋蟀相媲美。它全部的灰白色到最后只留下一条围绕着胸部的白肩带,很像拉着学走路的小孩的布带。它非常敏捷,用颤动的长触须试探周围的情况。它奔跑、跳跃,以后发胖就跳不起来了。我喂它莴苣叶,它不吃,可能是因为它的嘴太小了。

现在我们要看一看母蟋蟀为什么要产下这么多的卵。这是因为多数的小蟋蟀是要被处以死刑的。它们常遭到别的动物残忍的大屠杀,特别是小型的灰蜥蜴和蚂蚁的杀害。蚂蚁这种讨厌的流寇,常常不留一只蟋蟀在我们的花园里。它一口就能咬住这可怜的小动物,然后狼吞虎咽地将它们吞咽下去。唉,这个可恨的坏蛋!请想想看,我们还将蚂蚁放在比较高级的昆虫当中,还为它写了很多的书,更对它大加赞美。自然学者对它们很推崇,而且其名誉日益增加。这样看来,动物和人一样,引起人们注意的最绝妙的方法,就是伤害别人。那些从事十分有益处的清洁工作的甲虫,并不能引来人们的注意与称赞,甚至无人去理睬它们;而吸人血的蚊虫,却是每个人都知道的;同时人们也知道那些带着毒剑、暴躁而又虚夸的黄蜂,以及专做坏事的白蚁。在我们南方的村庄中,白蚁常常会跑到人们的家里面咬坏房屋的椽子,而且它们在做这些坏事时,还像品尝无花果一样高兴。

我花园里的蟋蟀,已经被蚂蚁残杀殆尽,这就使得我不得不跑到外面去寻找它们。八月,在落叶下,那里的草还没有完全被太阳晒枯干,我看到小蟋蟀已经长得比较大了,全身已经都是黑色了,白肩带的痕迹一点也没有存留下来。在这个时期,它的生活是流浪式的,一片枯叶,一块扁石头,已经足够它去应付大千世界中的一些事情了。

许多从蚂蚁口中逃脱而生存下来的蟋蟀,现在又做了黄蜂的牺牲品。黄蜂猎取这些旅行者,然后把它们埋在地下。其实只要蟋蟀提前几个星期做好防护工作,它们就没有这种危险了,但是它们从来也没想到过这点,总是死守着旧习惯,一副视死如归的样子。

一直要到十月末,寒气开始袭人时,蟋蟀才开始动手建造自己的巢穴。如果以我们对养在笼子里的蟋蟀的观察来判断,这项工作是很简单的。挖穴并不在裸露的地面上进行,而是常常在莴苣叶——残留下来的食物——掩盖的地点,或者是其他的能代替草叶的东西下面,似乎为了使它的住宅秘密起见,这些掩盖物是不可缺少的。

这位矿工用它的前足挖掘,并用钳子般的大颚拔掉粗石砾。我看到它用强有力的后足蹬踏着土地,后腿上长有两排锯齿状的东西。同时,我也看到它清扫尘土将其推到后面,把它倾斜地铺开。这就是蟋蟀造房子的全部工艺了。

工作开始时进展得很快。我笼子里的土很软,它钻在下面一待就是两个小时,而且隔一小会儿,它就会退后返回到洞口,把土扫出来。如果感到累了,它就在还没完成的家门口休息一会儿,头朝着外面,触须特别无力地摆动,一副疲惫的样子。不久它又钻进去,用钳子和耙继续劳作。后来,休息的时间渐渐加长,这使我感到有些不耐烦了。

这项工作最重要的部分已经完成了。洞口已经有约六厘米深了,足够满足一时之需。余下的事情,可以慢慢地做,今天做一点,明天再做一点。这个洞可以随天气的变冷和蟋蟀身体的长大而加大加深。如果冬天的天气比较暖和,太阳照射到住宅的门口,仍然还可以看见蟋蟀从洞穴里面抛撒出泥土来。在春天尽情享乐的天气里,这住宅的修理工作仍然在继续。改良和装饰的工作,总是经常地不停歇地在做着,直到主人死去。

四月末,蟋蟀开始唱歌,最初是一种疏疏落落而又羞涩的独唱,不久,就合成在一起形成美妙的奏乐。每块泥土都夸赞它是非常善于演奏动听的音乐的乐者。我乐意将它置于春天的歌唱者之首。在我们荒废了的土地上,在百里香和薰衣草开放的时节,百灵鸟冲天飞起,放开喉咙纵情歌唱,优美的歌声回荡在天地间;而下面的蟋蟀,也禁不住吸引,放声高歌一曲,与它遥相应和。它们的歌声单调而又无艺术感,但和生命复苏的喜悦相协调，为萌芽的种子和初生的叶片所了解、所体味。对于这种合奏的乐曲，我判定蟋蟀是其中的胜者。它们的数目和不间断的音节足以使它当之无愧。百灵鸟的歌声停止以后，在田野上，这些在日光下摇曳着芳香的花儿们，仍然能够享受到朴实的歌唱家的一曲赞美之歌，伴它们度过一段寂寞的时光。

三、右琴弓乐手

像一切真正有价值的东西一样，蟋蟀的乐器非常简单。它不过是一把弓，弓上有一只钩子，以及一种振动膜。右鞘翅差不多完全遮盖着左鞘翅，只除去后面和转折包在体侧的一部分，这种样式和绿蝈蝈儿相反。蟋蟀是右边的鞘翅盖着左边的鞘翅，而绿蝈蝈儿是左边的鞘翅盖着右边的鞘翅。

两个鞘翅的构造是完全一样的。它们分别平铺在蟋蟀的身上。在蟋蟀身体的两侧，两个鞘翅突然斜下成直角，紧裹在身上，上面还长有细脉。如果你把两个鞘翅掀起，然后朝着亮光仔细地观察，你可以看到它们呈极其淡的棕红色，除去两个连接着的地方以外，前面是一个大的三角形，后面是一个小的椭圆，上面生长有模糊的皱纹，这两个地方就是它的发声器官。这里的皮是透明的，比其他的地方要更加紧密些，只是略带一些烟灰色。在前一部分后端边沿的空隙中有五六条黑色的条纹，看上去就像梯子的台阶。它们能互相摩擦，从而增加与下面弓的接触点的数目，以增强其振动。在下面，围绕着空隙的两条脉线中的一条呈肋状,切成锯齿的样子,就是琴弓,长着约一百五十个三菱柱状的齿,整齐得几乎符合几何学的规律。这的确可以说是一件非常精致的乐器。弓上的一百五十个齿,嵌在对面鞘翅的梯级里面,使四个发声器同时振动,下面的一对直接摩擦,上面的一对是摆动摩擦的器具。它的四只发音器能将音乐传到数百码以外的地方,可以想象这声音是多么嘹亮啊!

它的声音可以与蝉的清澈鸣叫相媲美,却没有后者嘶哑。相比之下,蟋蟀的叫声要更好一些,这是因为它知道怎样调节它的曲调。蟋蟀的鞘翅向着两个不同的方向伸出,所以非常开阔,这就形成了制音器。如果把鞘翅放低一点,就能改变其发出声音的强度。随着鞘翅与柔软的身体接触程度的不同,蟋蟀一会儿发出柔和的低声吟唱,一会儿又发出极高亢的声调。

蟋蟀身上两个鞘翅完全相似,这一点是非常值得注意的。我可以清楚地看到上面弓的作用,和四个发音地方的动作。但下面的那一个,即左翼的弓又有什么样的用处呢?它并不被放置在任何东西上,没有东西接触着同样装饰着齿的钩子。它是完全没有用处的,除非能将两部分器具调换一下位置,那下面的可以放到上面去。如果这件事可以办到的话,那么它的器具的功用还是和以前相同,只不过这一次是利用它现在没有用到的那只弓演奏了。下面的胡琴弓变成上面的,但是所演奏出来的调子还是一样的。

最初我以为蟋蟀的两只琴弓都是有用的,至少它们中有些是用左面那一只的,但是观察的结果恰恰与我的想象相反。我所观察过的蟋蟀都是右鞘翅盖在左鞘翅上的,没有一只例外。我甚至想人为地改变这种构造。我用钳子轻轻地将蟋蟀的左鞘翅放在右鞘翅上,决不碰破一点儿皮。只要有一点技巧和耐心,这件事情是容易做到的。事情的各方面都做得很好,肩膀没有脱落,翼膜也没有皱褶。

我很希望蟋蟀在这种状态下仍然可以尽情歌唱,但不久我就失望了。它开始恢复到原来的状态。我一而再再而三地摆弄了好几回,但是顽固的蟋蟀还是不听我的摆布。

后来我想这种试验应该在鞘翅还很柔软的时候,即在幼虫刚刚蜕皮的时候。我得到刚刚蜕化的一只幼虫,在这个时候,它未来的翼和鞘翅形状就像四个极小的薄片,它短小的形状和向着不同方向平铺的样子,使我想到面包师穿的那种短马甲。没过多久,这幼虫就在我的面前脱去了这层衣服。

小蟋蟀的鞘翅一点一点长大,这时还看不出哪一扇鞘翅盖在上面。后来两边接近了,再过几分钟,右边的马上就要盖到左边的上面去了。这时我便加以干涉了。

我用一根草轻轻地调整其鞘翅的位置,使左边的鞘翅盖到右边的上面。蟋蟀虽然有些反抗,但是最终我还是成功了。左边的鞘翅稍稍推向前方,虽然只有一点点。于是我放下它,鞘翅逐渐在变换位置的情况下长大。蟋蟀逐渐向左边发展了。我很希望它使用它的家族从未用过的左琴弓来演奏出一曲同样美妙动人的乐曲。

第三天，它就开始了。先听到几声摩擦的声音，好像机器的齿轮还没有切合好，正在调整一样。然后调子开始了，还是它那种固有的音调。

愚蠢的实验者，捂起你的脸吧，你太相信那根草的魔力了！我以为可以造就一位新式的奏乐师，然而我失败了。蟋蟀仍然拉它的右琴弓，而且始终如此。它因拼命努力，想把鞘翅放回原来的位置，导致肩膀脱臼。经过自己的几番努力与挣扎，它终于把本来应该在上面的鞘翅又放回了原来的位置上。

乐器已经讲得够多了，让我们来欣赏一下它的音乐吧！蟋蟀是在它自家的门口唱歌的，在温暖的阳光下面，从不躲在屋里孤芳自赏。鞘翅发出"克利克利"的柔和的振动声。音调圆满，非常响亮而明朗，而且延长之处仿佛无休止一样。整个春天的闲暇时光就这样打发过去了。这位隐士首先是为了自己歌唱。它在歌颂笼罩在它身上的阳光，供给它食物的青草，给它居住的平安隐避之所。它拉起琴弓首先是为了歌颂幸福的生活。

它也为它的爱人弹奏。求偶者之间经常发生激烈的争斗，但并不严重。两个情敌咬着对方的头，扭在一起；战斗结束后，两位斗士站起来，战败者灰溜溜地走了，胜利者又围着女伴唱歌。但是雌蟋蟀躲在草丛里，只把门帘掀开一点，希望被斗士们看到。歌声又响了起来，中间有时会中断一会儿或者发出低低的震音。雌蟋蟀被打动后，从藏身之地出来了。

　　交尾之后，不久便排卵。它们就这样生活在一起了。然而，这也是雄蟋蟀苦难的开始。它们夫妻二人经常吵架，父亲被打残疾了，"小提琴"也被撕碎了。要不是它被关在我的笼子里，恐怕早就逃走了。雌蟋蟀这种暴行说明，雄性——这个生命原始机械中的次要的齿轮，应该在完成它的使命后就消失，以便把自由的位置让给真正的生殖者、真正的劳动者——母亲。不过，无论如何雄蟋蟀不久总要死的，就算它逃脱了好斗的伴侣，在六月里它也是要死亡。

　　普罗旺斯以及南方乡村的小孩子们，都有同样的嗜好——以蟋蟀为宠物。在城里，蟋蟀更是孩子们的宝贝。这种昆虫在主人那里受到各种恩宠，享受到各种美味佳肴。同时，它们也以自己特有的方式来回报好心的主人，为他们不时地唱起纯真快乐的田野小调。因此它的死能使全家人都感到悲哀，这也足以说明它与人类是多么亲密了。

蝶

··

一、为爱而生的大孔雀蝶

这是一场令人难忘的晚会。我把它称作大孔雀蝶的晚会。有谁不认识这大名鼎鼎的蝴蝶啊？大孔雀蝶是欧洲最大的蝴蝶。它们披着红棕色的天鹅绒外衣，脖子上扎一个白色的领结，翅膀上点缀着灰色和褐色的小点儿。一条淡淡的锯齿形的线横贯中间，翅膀周围有一圈灰白色的边，中间有一个圆形斑点，就像是一只黑色的大眼睛，瞳孔中聚集着黑色、白色、栗色和深红色的弧形线条。

这种蝴蝶是由一种漂亮的毛虫变来的，它们的身体以黄色为底色，上面嵌着青绿色珠子。它们以杏叶为食。

五月六日的清晨，在实验室的桌子上，我看着一只雌孔雀蝶破茧而出。它刚孵化出来，浑身湿漉漉的。我立即把它罩在一个金属丝做的网罩里。我这么做没有别的什么目的，只是一种习惯而已。我总是喜欢搜集一些新鲜的昆虫，把它们放到透明的罩子里慢慢观察。

　　我很庆幸自己这么做了，因为我得到了意想不到的收获。晚上九点左右，当大家都准备上床睡觉的时候，隔壁的房间里突然发出很大的声响。小保罗衣服都没穿好，就在屋里跑来跑去，疯狂地跳着、顿着足、敲着椅子。我听到他大声叫我："快来呀！快来看这些蝴蝶啊，像鸟儿一样大，满房间都是！"

　　我赶紧跑进去一看，难怪孩子那么兴奋。房间里满是那种大蝴蝶，已经有四只被捉住关在笼子里了，其余的大蝴蝶拍着翅膀在天花板上飞来飞去。看到这情形，我立即想起那只早上被我关起来的雌性大孔雀蝶来了。"快穿好衣服，"我对儿子说，"把笼子放下，跟我来，我们马上会看到更有意思的事情。"

　　我们立刻下楼，来到我的实验室。我发现厨房里的仆人已被这突然发生的事件吓得慌了神。起初她还以为它们是蝙蝠，就用她的围裙扑打着这些大蝴蝶。孔雀蝶们已经差不多把我家全部占领了，这肯定是那只"女俘"引来的。

　　我们点着蜡烛走进书房，便看到了一幕令人难忘的情景：那些大蝴蝶轻轻地拍着翅膀，绕着那网罩飞来飞去。它们上下翻飞，一会儿飞到天花板上，一会儿又俯冲下来。它们向蜡烛扑来,用翅膀把火扑灭。它们停在我们的肩上,抓我们的衣服,轻擦我们的脸。小保罗吓坏了,紧紧攥住我的手,努力让自己镇定下来。

这个房间里大约有二十只大孔雀蝶,再加上别的房间里的,至少有四十只。这是一次难忘的盛大舞会,一次大孔雀蝶的晚会,四十个情人来向这位清晨刚出生的美女致意!

在那一个星期里,这些大蝴蝶每天晚上八点到十点之间都要来朝见它们美丽的公主。那时候正值暴风雨季节,晚上黑得伸手不见五指。我们的屋子又被遮蔽在许多大树后面,很难找到。但这都难不倒它们,经过这么黑暗和艰难的路程,它们还是历尽艰险来见它们的女王。

在这样恶劣的天气条件下,猫头鹰都不敢轻易离开它的巢穴。可大孔雀蝶却凭借着多面的小光学眼睛,顺利到达目的地。尽管越过了重重障碍,但是它们却毫发无伤。

大孔雀蝶一生中唯一的目的就是结婚。为了完成这一目标,它们具备一种很特别的天赋:不管路途多么遥远,路上多么黑暗,途中有多少障碍,它总能找到它的意中人。两三个晚上的时间里,它们可以每晚花费几个小时去找它们的意中人。如果它们找不到意中人,那么它的一生也将在遗憾中结束。

大孔雀蝶是为爱而生的,它们活着只是为了繁衍后代。它对进食一无所知。当别的蝴蝶成群结队地在花园里飞来飞去吮吸香蜜的时候,大孔雀蝶从不会想到吃这回事。它的口腔器官只是无用的装饰，它的胃里从未进过一口食物。因此，它的寿命当然不会很长，这是一个很简单的道理：如果不想灯熄灭，就得给它添油。

它的生命只不过是两三天的时间，这正是寻找伴侣需要的最短时间，这就是它生命的全部，如果完成了，那也就可以含笑九泉了。

二、闻香识女人——小阔条纹蝶

是的，我将能得到它，我甚至已经得到它了。一个七岁的男孩，脸上透着灵气，但他并不是每天都洗脸。他光着脚，用一条带子系着破破烂烂的短裤。他每天都给我家送萝卜和西红柿。一天早晨，他提着篮子来了，收下了我给的蔬菜钱，放在手心里一枚一枚地数着那几枚他母亲期盼的硬币。然后，他从口袋里掏了一件东西，是他头一天沿着一个篱笆捡拾兔草时发现的。

"还有这个，"他把那东西递给我说，"这个您要不？"

"要呀，我当然要。你想办法再给我找一些，你能找到多少我就要多少。而且我答应你，每个星期天带你去玩旋转木马。喏，我的朋友，这是两枚硬币，给你的。把这两枚硬币单独放好，别同蔬菜钱混在一起，免得向你妈妈报账时弄不清楚。"

这个头发乱蓬蓬的小家伙看到这么多钱开心得不得了，隐约感到自己要发财了。

他走了之后，我仔细地观察着那个东西，它完全值得花气力去寻找。那是一只漂亮的茧，呈圆盾形、浅黄褐色，很坚硬，使人很容易联想到蚕房里的蚕茧。从书本上的一些简单介绍来看，我几乎肯定这是一只橡树蛾的茧。如果真的是的话，那真是老天所赐！我就可以继续我的研究，也许还可能让我补足大孔雀蝶让我隐约瞥见的材料。

橡树蛾确实是一种传统的蝶蛾，没有一本昆虫学论著不谈及它在婚恋期间的突出表现。据说有一只雌性橡树蛾被困在一个房间里，甚至还刚刚在一个盒子底部孵卵。它远离乡野，困于一座大城市的喧闹之中。但是，孵卵之事还是传给了树林里和草坪间的相关者。雄性橡树蛾们在一个不可思议的指南针的引导之下，从遥远的田野间飞来，飞到盒子跟前，谛听，盘旋，再盘旋。

这些趣事我是从书本中了解到的，但是亲眼看到，同时还做一番实验，那完全是另一回事。我花了两枚硬币买的那东西里面有什么呢？会从中飞出那个著名的橡树蛾吗？它还有另一个名字叫"布带小修士"。这个新颖别致的名字是从其雄性的外衣而来，那是一件棕红色修士长袍，但它不是棕色粗呢，而是柔软的天鹅绒。前面的翅膀上横着一条泛白的带子，长有像眼珠似的小白点。

这里所说的布带小修士，也就是小阔条纹蝶，不是那种只要我们心血来潮，带上个网子出去一捉就能捉到的那种平淡无奇的蝴蝶。在我们村子周围，特别是在我的荒石园中，我住了二十来年还从来没有见到过它。确实，我不是狩猎迷，标本上的死昆虫我并不太感兴趣，我要的是活物，要能表现其天赋的。不过，虽然我没有收集者的那种热情，但我对田野里生机盎然的一切都十分关注。一只身材和服饰如此与众不同的蝴蝶要是被我遇上我肯定会捉住它的。

我许诺带他去骑旋转木马的那个小家伙再也没能捉到第二只。三年里，我拜托朋友和邻居帮我找，特别是请那些年轻人——他们是荆棘丛林中眼明手快的搜索者。我自己也在枯叶堆中翻来找去，查看一堆堆的石块，掏一个个的树洞，但都一无所获，稀罕的蝶茧仍未能找到。

这足以说明小阔条纹蝶的罕见。我的猜测没错，我的那只唯一的茧正是这种著名的蝴蝶。

八月二十日，一只雌蝶从茧中出来，胖乎乎的，衣着与雄蝶一样，但是它的长袍是米黄色，更加淡雅。我把它放在我工作室中间的一张大桌子上，用钟形金属丝网罩罩住。大家知道这个环境，就是我为大孔雀蝶准备的那个处所。有两扇窗户朝向花园，一扇窗户是关着的，另一扇则白天黑夜全都敞开着。小阔条纹蝶就待在这两扇窗户中间那四五米间隔处的半明半暗之中。

孵出的前两天，没有什么情况发生。第三天，新娘已经准备好了，家里便像过节似的热闹起来了。我当时正在花园里，因为已经不抱什么希望了。下午三点,阳光灿烂,我隐约看见一群蝴蝶在开着的那扇窗框间飞来飞去。它们是一些来向美人儿献媚取宠的情郎。有一些从房间里飞出去,另一些则飞进去,还有一些落在墙上休息,好像因长途跋涉而疲惫不堪了。我还隐约看见一些蝴蝶从远处飞来,飞进高墙,飞过高高的柏树冠。它们仍然从四面八方飞来,但数量越来越少。我没能看到婚庆刚开始时的情况,现在宾客们差不多都已到齐了。

我们赶紧上楼去看。这一次是在大白天,任何细节都没漏掉,我又见到了那种惊艳的场景,就像上次那只大孔雀蝶引发的一样。

在我的工作室里,许多雄性小阔条纹蝶在上下翻飞,绕来绕去。我以目测估算,大概有六十只。在围着钟形金属丝网罩绕了几圈之后,有一些便向敞开的窗户飞去,但随即又飞了回来,又开始围着钟形罩盘旋起来。有的蝴蝶急不可耐地停在钟形罩上,用爪子相互推搡,抢占最佳位置。钟形罩里面的女俘垂着大肚子贴在网纱上,不动声色地等待着,在这群纷乱的雄蝶面前,没有一丝激动的表情。

无论是飞走的还是飞来的,无论是坚守在钟形金属丝网罩上的还是在室内飞舞的雄性小阔条纹蝶,在三个多小时的过程中,一直在疯狂地舞动着。但是日薄西山,气温有点低了,雄蝶们的激情也随之降温。有些雄蝶飞走了,就没再回来。另外一些占好位置以利明日再战,它们紧贴着那扇关着的窗户的窗棂,

如同雄性大孔雀蝶一样。今天的节庆活动到此结束,明天肯定还将继续。因为受丝网阻隔,活动尚未有任何结果。

可是,令我大为沮丧的是活动并未再继续,这都是我的错!晚上,有人给我送来一只螳螂,个头儿特小,所以我非常喜欢。因为老想着下午的种种情况,我便无意地把这个食肉昆虫放进了那只雌性小阔条纹蝶的钟形金属丝网罩里了。我压根儿就没想到这两种昆虫共居一室会产生恶果。那只螳螂瘦瘦小小的,而那只雌性小阔条纹蝶却是那么胖,所以我一点也没起疑心。唉!我低估了带铁钳的食肉昆虫的凶残!

第二天,我惊呆了,那只小螳螂正在啃咬那只胖蝴蝶。后者的脑袋和前胸已经没了。可怕的家伙!你让我度过了多少悲伤的时刻啊!再见了,我整夜冥思苦想的研究工作。三年里,我因缺乏研究对象而无法继续我的研究。

后来,我再次得到了小阔条纹蝶,这使我的实验得以继续下去。这一回我把所存的汽油和有气味的物品统统都给用上了。我准备了一打碟子,一部分放在囚禁女俘的钟形金属丝网罩里,另一部分放在网罩四周,围成一圈。有几个碟子装着樟脑,有几个装着宽叶薰衣草香精,有几个装着汽油,还有几个装着臭鸡蛋味的碱硫化物。不能再多放什么了,否则女俘会因窒息身亡的。这些小碟子早晨便放好了,那样聚会开始时屋子里便已经弥漫着这些气味。

下午,工作室变成了恶心的配药室,有一股浓烈的薰衣草香气加上碱硫化物恶臭的混合气味,而且别忘了我还在这间屋里大量地熏烟。煤气厂、烟馆、香料厂、炼油厂、臭气熏天的化工厂全都集中在这间屋子里了,这样能否会使小阔条纹蝶迷失方向呢?根本就不会。下午三点的时候,雄性小阔条纹蝶像平常一样纷纷飞来。它们都往钟形罩那儿飞,其实我事先已经用一块厚布把网罩蒙上了,以便增大难度。

它们一飞进屋内,便被各种气味团团围住,但它们仍旧朝着女俘的囚室飞去,想从厚布的褶皱下面钻进去与女俘相会。我的计划失败了,这次实验完全失败了。这次的失败之后,我理所当然地要放弃是有气味的散发物在指引小阔条纹蝶参加婚庆的观点。我之所以没有放弃,应该归功于一次偶然的观察。意外和偶然有时会给我们带来惊喜,把我们引向此前一直在寻觅却无果的真理的道路。

一天下午,我想弄清楚蝴蝶一旦飞进屋里,视觉是否还起作用,便把那只雌蝶放在一个钟形玻璃罩中,还给它弄点带枯叶的橡树小枝让它停靠。钟形玻璃罩就放在桌子中间,冲着敞开的那扇窗户。雄蝶飞进屋里一定会看得见女俘的,因为后者就在它们必经之路上。我觉得雌蝶原先居住的那个钟形金属丝网罩以及下面承载的陶罐很碍事,便把它们放到屋子的另一头的地板上。那个角落只能透进半明半暗的光线,离窗户有十来步远。

接下来发生的事把我的思绪打乱了。来访者中没有一位在钟形玻璃罩那儿停下来，而钟形玻璃罩就在明亮的阳光下面，女俘显眼地居于其中。它们看都没看雌蝶一眼，就都飞向房间另一头——那个我放着钟形金属丝网罩和陶罐的角落。它们落在钟形金属丝网罩圆顶上，久久地探寻，扑扇着翅膀，还稍稍相争。整个下午，直到傍晚，它们都围着圆顶飞舞。最后，大部分飞走了，有几个执着者不想走，死死地守在那儿。

这真是个奇怪的结果：这些蝴蝶飞到那人去楼空之地，流连不去。尽管眼见网罩中无蝶却不甘心。从雌蝶所在的那个钟形玻璃罩旁飞过时，来来往往的这群雄蝶不可能都没看到雌蝶的，但它们就是没有做片刻停留。它们被一个诱饵弄得神魂颠倒，竟置实物于不顾了。

它们是被什么欺骗的呢？第一天整个夜晚和第二天的整个上午，雌蝶都待在钟形金属丝网罩里的，它忽而吊在丝网上，忽而在陶罐的沙土上歇息。它碰过的东西，特别是它那大肚子蹭过的东西，长时间接触之后，浸透了一些气味。那就是引得雄蝶神魂颠倒、纷至沓来的诱饵，就是激发情欲的药物。沙土层把这气味保存并四下扩散开去。

引导它们的是嗅觉。它们为嗅觉所控制，不去考虑视觉所提供的信息，所以它们才会直奔那座空室。

那无法抗拒的气味需要一定的时间才能配制好。它像一种挥发性气体，一点点地散发出去，雌蝶沾过的东西便浸满这种气味。那么，即使钟形玻璃罩放在桌子正中间，或者更好一些,放在一块玻璃上,只要内外无法很好地沟通,雄蝶就会因为凭嗅觉什么也感觉不到而不会前来,无论你试验多久都无济于事。可我眼下不能以这种内外无法沟通作为理由,因为即使我搞出一个好的沟通环境,用三个小垫子把钟形玻璃罩抬起,雄蝶们也不会一下子飞来,因为这种气味还没发散开。但是,等上半个小时左右,盛有雌蝶诱饵的蒸馏器就开始启动了,求欢者们立即就会像通常那样纷至沓来。

掌握了这些信息,我就可以进一步展开实验。清晨,我把雌蝶放在一个钟形金属丝网罩里。它的栖息处是同先前一样的一根橡树细枝。雌蝶在里面一动不动,像死了似的。它在细枝上待了许久,藏在大概浸润着其气味的叶丛中。当探视时间临近时,我把浸足了气味的细枝抽出来,放在敞开的那扇窗户不远处。另外,我让钟形金属丝网罩中的雌蝶待在房间中央的桌子上显眼的地方。

雄蝶纷纷而来,先是一只,然后是两只,三只,很快就是五只,六只。它们进来,出去,又回来,上下翻飞。始终是在那扇窗户附近,那根橡树细枝放在椅子上,离窗户不远。谁也没往那张大桌子看,而雌蝶就在那儿的钟形金属丝网罩中等候它们,离它们并没有多远。有一点可以看出,那就是它们在迟疑,在寻找。

最后,它们终于找到了。找到什么了?就是那根细枝。它们扑扇着翅膀,忽上忽下地搜寻、抬起、移动树叶,以致最后那根很轻的细枝被碰掉到地上去了,它们仍在落在地上的细枝叶丛中搜索。在翅膀和细爪的扑打抓挠下,细枝在地上移动着,仿佛一个被小猫用爪子抓扑的破纸团。

当细枝被那群搜索者移动到远处时,突然新飞来两只小阔条纹蝶,它们急切地在刚才放过细枝的地方嗅个没完。然而,对于先来者和后到者来说,它们热盼的那个真实目标就在那儿,很近,被一个钟形金属丝网罩罩着,但它们谁也没有注意到它。它们在地上继续推挤雌蝶早上睡过的那个小床。它们在椅子上继续嗅闻那张粉床曾经放过的地方。

天色渐晚,撤退的时刻到了,而且,气味也在渐渐地淡去,消散。拜访者们没什么可做的了,只好飞走,明天再来。

我从后来的实验中得知,任何材料都可以代替我那带叶的细枝。我稍稍提前一点把雌蝶放在一张小床上,上面时而铺着呢绒或法兰绒,时而放些棉絮或纸张。我甚至还强迫雌蝶睡木质的、玻璃的、大理石的,甚至金属的硬硬的行军床。所有这些东西在雌蝶接触了一段时间之后,都像雌蝶本身似的对雄蝶们有着同样的吸引力。它们全都具有这种吸引雄蝶的特性,只不过是有些强有些弱。最好的是棉絮、法兰绒、尘土和沙子,总之是那些多孔隙的东西,而金属、大理石、玻璃则很快地便失去它们的功效。

为了邀请周围的众蝶飞赴婚宴,为了老远地通知并引导它们,婚嫁娘散发出一种我们人类的嗅觉感觉不出来的极其细微的香味。我的家人们，包括孩子们那灵敏的鼻子，凑近那只雌性小阔条纹蝶，也没有闻出一丝一毫的气味来。

信息流通的出现时间有早有晚，根据昆虫品种而定。雌性大孔雀蝶早晨孵出，当晚便有探访者飞来，但更常见的是第二天，经过四十来个小时的准备之后才有求爱者。雌性小阔条纹蝶则更加不紧不慢。它的征婚广告要等个两三天之后才能发布。

螳　螂

一、高雅与凶残

南方还有一种昆虫，因为它总是沉默不语，所以名气没有蝉那么大。如果上帝赐它一副好歌喉，再加上非凡的体型和习性，它肯定会让蝉这位著名歌手黯然失色的。我们这儿称它为"祷上帝"，它的学名叫螳螂。

在古希腊时期，人们把这种昆虫叫作"先知"。在烈日炎炎的青草地上，农夫们看见它庄严地半身直立，仪态万方，宽阔的、轻纱般的绿色薄翼，如长裙曳地。它的前腿形状如臂，伸向半空，就像是在祈祷。这在无知的农夫看来，它就像是一位正在向上帝祈祷的修女。

这是一个天大的错误！那种貌似虔诚的态度是骗人的，高举着的貌似是在祈祷的手臂，其实是最可怕的屠戮的利刃。无论什么经过它的身边，它都立刻凶相毕露，用它的凶器加以猎杀。

螳螂的身材纤细，一对前爪显得特别有杀伤力。它猛如饿虎，恶如妖魔，是直翅目食草昆虫里唯一一个专食活物的昆虫。单从螳螂的外表上看来，它并不可怕，甚至看上去是十分高雅的：它有尖尖的小嘴，优雅的姿态，淡绿的体色，轻薄如纱的长翼；它的颈部是柔软的，头可以任意转动，在所有昆虫中，只有它能向各个方向注视，可谓是眼观六路；它甚至还有一个面孔。这一切都构成了这样一个小动物的温柔表相。

它生来就有一副优雅的身材，细腰纤纤而且非常长，还特别有力。相比之下，生长在前足上的那对极具杀伤力的前爪则暴露出浓浓的杀气。这种身材和它这对武器之间的差异如此巨大，简直让人难以置信。然而，事实就是这样，它温存的外表下隐藏着残忍。

它的大腿比腰部还要更长一些，看上去就像一根扁平的梭子。大腿下面长着两排锋利如锯齿一样的东西。在锯齿末端，还有三根巨齿。当想要把腿折起来的时候，它就可以把两条腿分别收放在这两排锯齿中间的小槽里，这样就不至于自己伤到自己。

它的小腿也是一把双面锯，长在小腿上的锯齿要比长在大腿上的细密很多。而且，与大腿不同的是，小腿锯齿的末端还生长着尖锐的硬钩。这些小钩子就像钢针一样锐利。钩子下面有一道细槽，细槽两侧有把双刃刀，就好像那种成弯曲状的修理花枝用的剪刀一样。

这些小硬钩，给我留下了许多不堪回首的记忆。记得以前曾有过很多次这样的经历：我到野外去捉螳螂的时候，经常捉它不成，反而中了这个小家伙的十分了得的"暗器"的暗算，被它钩住了手。每次它都抓得很牢，让我无法摆脱，只有向别人求援。所以，这种小小的螳螂或许是我们这儿最难对付的了。

它身上的武器、暗器很多。因此，它在遇到危险的时候，可以选择多种方法来自卫。比如，它可以用镰钩去钩你的手指，可以用锯齿般的尖刺来扎你的手，还可以用那对锋利无比的大钳子夹住你。总之，这些极具杀伤力的手法，使你很难对付它。要想活捉它，你还真得动一番脑筋、费一番周折呢！

通常，在它休息的时候，这名勇将只是将身体蜷缩起来，看上去特别平和，似乎并没有那么大的攻击性。甚至你会觉得，这个小家伙简直就是一只温文尔雅的热爱祈祷的小昆虫嘛。但它并不总是这样的，否则它身上的那些武器岂不是派不上什么用场了。只要是有其他的昆虫从它们的身边经过，无论它们是无意路过，还是有意侵袭，螳螂便迅速变脸，那副祈祷和平的样子便会一下子消失。

这个刚刚还蜷缩着休息的小家伙，便立刻展开身体。于是，那个可怜的路过者还没反应过来,就稀里糊涂地成了螳螂利钩下的俘虏了。它被螳螂压在两排锯齿之间,动弹不得。螳螂很有力地把钳子夹紧,战斗就结束了。无论是蝗虫,还是蝈蝈儿,或者别的更加强壮的昆虫,都无法逃脱这四排锋利的锯齿。一旦被捉,只好束手就擒。

想在野外详尽地研究螳螂的习性,那几乎是不可能的。因此,我不得不把它拿到室内来进行观察研究。我把螳螂放在一个装满沙子的瓦盆里,上面盖上饭桌上用来挡苍蝇的罩子,里面再放上一簇干百里香、一块供螳螂产卵的石头,这样就完全可以供螳螂居住了。这些小屋,一排排放在我实验室的大桌子上,那儿大部分时间日照充足。

二、虚张声势的战术

八月下旬,我在路边干草丛和荆棘丛里看到了成年螳螂。肚子已经很大的雌螳螂日渐增多,而它们瘦弱的雄性伴侣却比较少见。我有时得花很大的力气,才能给我的雌螳螂配对。因为囚笼中那些小个子雄性经常被悲惨地吃掉。这种惨剧我们暂且按下不表,先来说说那些雌螳螂。

雌螳螂食量极大,再加上喂养时间长达数月,所以食物的供应并非易事。几乎必须每天都给它们更换食物,而它们对于大部分食物都是稍稍尝上几口便弃之不食了。我相信,螳螂在它们出生的荆棘丛中,应该会比在我的笼子里节约些。由于猎物不足,它们会把到手的食物吃光为止。可在我的笼子里,它们就挥霍无度了,常常是咬上几口之后,便把那鲜美的食物弃之不顾。也许,它们是以这种方式,排遣囚禁之苦。

为了对付这种奢侈浪费,我必须想些妙招。附近的几个无所事事的小家伙,在我的面包片和西瓜块的收买下,每天都跑到周围的草丛中去,捉回许多活蹦乱跳的蝗虫、蚱蜢,把它们装在芦苇编成的小笼子里带给我。而我则手拿网兜,每天都在围墙周围转悠,希望能为我的食客们弄点新鲜野味。

我要给它们提供充足而又新鲜的食物,是因为我想要做一些试验,来试一下螳螂的胆量和力气到底有多大。所以,我不仅提供给它活的蝗虫或者蚱蜢,同时,还供给一些大个儿蜘蛛,以使它们的身体更加强壮。万事俱备,下面就是我观察到的情形了。

一只不知死活的灰蝗虫,冒冒失失地朝那只螳螂迎面跳了过去。暴怒的螳螂迅速地做出了一种让人大吃一惊的姿势,让那只原本无所畏惧的蝗虫此刻充满了恐惧感。我敢肯定,你一定也没有见过螳螂的那种样子。它把翅膀完全张开,并且直立得就好像两张平行的船帆,又如同硕大的鸡冠高耸在背上。它将腹尾卷曲起来,样子就像一根手柄弯曲的拐杖,并且不停地抬起又放下,发出"扑哧扑哧"的声音,就像毒蛇吐舌时发出的声响。螳螂蹲坐在后足的上面,摆出了一副迎战的姿态。此时,螳螂的前半部已经几乎完全直立起来了,那对准备随时拼杀的前臂也早已张开,在胸前交叉成"十"字,露出了腋下几行装饰的珍珠粒和一个中心有白斑的黑色圆点。这样一种姿势,谁能说不是随时备战的姿势呢?

螳螂在做出这种吓人的姿势之后,一动不动,眼睛死死盯住它的敌人,准备随时展开激战。那只蝗虫只稍微移动一点儿位置,螳螂就相应地立即转动一下它的头,目光始终不离开蝗虫。螳螂这种死死盯人的战术,其目的非常明显,就是利用对方的恐惧心理,再继续把更大的惊恐注入这个对手的心灵深处。螳螂希望在战斗未打响之前,就能让敌人因恐惧而陷于不利地位,达到使其不战而败的目的。因此,螳螂现在就虚张声势一番,假装成猛兽的架势,利用心理战术和面前的敌人进行周旋。

螳螂精心安排设计的作战计划是完全成功的。那只蝗虫果然中计,当场就吓傻了,呆呆地站在原地,一动也不动。这样一来,一向善于跳跃的蝗虫,在巨大的恐慌之下甚至慢慢向前移动,向螳螂靠近。当这个可怜的蝗虫移动到螳螂的屠刀下时,螳螂就毫不留情地用大钩子抓住它,再用那两把锯子用力地把它夹紧。于是,任由那个可怜虫怎样顽抗也无济于事了。接下来,这个魔鬼便收起翅膀,开始咀嚼它的战利品了。事实上,对于那种普通的蝗虫,螳螂很少用恫吓的办法,它只需把走进势力范围的可怜虫抓住就行了。

蜘蛛捕食的时候,通常一上来就先发制人,猛刺敌人的颈部，使敌人中毒。无独有偶，螳螂在攻击蝗虫的时候，也是首先袭击对方的颈部。它用一条前腿拦腰钩住蝗虫，另一条腿按住它的头，掰开脖颈。然后，螳螂就用尖嘴从后颈没有护甲的地方探进去，坚定地轻咬着猎物的脖子。它就这样啃着猎物的颈部的淋巴结，消灭掉生命之源里的肌肉活力，这样蝗虫便永远地安静下来。之后，螳螂就可以慢慢地自由选择到底从哪儿下口了。

三、欲与死

螳螂的习性与它们的"祷上帝"的俗称相距甚远，它非但不是一只与人为善的昆虫，反而是个凶残的吃人魔王。但这还不是最惨无人道的，它们对于自己同类的残忍甚至远远超过声名狼藉的蜘蛛。

我把几只雌螳螂放在同一只笼子里，每天保持它们的食物充足。然而，就在这种情况下，意外还是发生了。最初，它们还是相安无事地和平共处。但是这段和平时期非常短暂，随着雌螳螂肚子一天天鼓起，交配和产卵的时期渐渐临近了。

在一种强烈的嫉妒心的作用下，即便笼子里没有雄螳螂让它们相互争夺，它们还是疯狂地厮杀起来。于是，笼子里出现了那魔鬼般的姿势、扑哧扑哧的翅膀抖动和举起硕大前臂的恐怖场面。很多时候，战争的结果是十分凄惨的。战胜者钳住了失败者，将尖尖小嘴咬向它的后颈。这种丑恶的行径居然就像是在

吃蝈蝈儿一样平静坦然。而身边的围观者非但没有反对，还希望自己一有机会也这么干！

多么残忍的昆虫！据说连狼都不吃同类，可是螳螂却毫无顾忌。即便它们身边满是喜欢的野味——蝗虫，它们也会去捕食同类。这些怀孕昆虫的反常行为，有时候甚至会让人反感到无以复加的地步。

现在就让我们来看看螳螂的爱情。为了防止群体的混乱，我把一对对螳螂分别放在不同的笼子里，并保证它们有充足的食物，免得饥饿的因素会影响到它们。快到八月底的时候，雄螳螂觉得求爱的时机成熟了。这个瘦小的家伙对那个肥妞频递秋波，挺着胸膛，弯着脖子，侧着脑袋，一副多情的样子。雌螳螂却似乎无动于衷。雄螳螂将这种沉默视为应允，便走上前去，突然间展翅，抽风似的抖动。这就是它的表白吧。它扑到了肥妞的背上，趴在上面，竭尽全力地把自己缠在美女身上。通常，婚礼的序曲是很长的。最终，它们完成了交尾。这段时间也很长，通常长达五六个小时。

这对情侣分开了，很快又更亲密地黏在一起。对于这个穷小子，这个大美女不仅爱它的以身相许，也爱它的作为美食以身奉献。就在交配完的当天，最晚到第二天，雌螳螂就将它的爱人抓住，按照习惯先从颈部下口，再一小口一小口慢慢吃掉。最后，只剩下雄螳螂的一双翅膀。

我的好奇心被激起了，十分想知道这只刚受精的雌螳螂会怎样对待第二只雄螳螂。实验结果令人咋舌：多数情况下，这只雌螳螂绝不厌倦新欢的拥抱，也绝不满足于咀嚼一个又一个情人时的大快朵颐。无论有没有产卵，它休息完，又同意了第二只雄螳螂的求欢，然后又像对待前夫那样将它吃掉。接着，第三只、第四只……两周之内，我眼睁睁地看着它一连吃下了七只雄螳螂。它委身于它们，却也让它们全部为新婚的欢悦付出生命的代价。

雌螳螂的这种狂欢十分常见，特别是在天气炎热、电流很强的日子里，这种狂欢上演的频率更加高。为了给雌螳螂的暴行寻找借口，我宁可相信它们在野外不会这样，也许，雄螳螂在完成任务后赶紧逃离，远远抛开这个可怕的食人魔。

我不知道野外草丛中的真相，因此只能求助于笼中的观察结果。结果，那个雄螳螂可以逃开的设想被我观察到的一幕彻底否定了。我无意中看见了一个极其恐怖的场景。雄螳螂还沉浸在制造后代的职责中，紧紧地拥住雌螳螂。但是，这个可怜的家伙没有头，没有颈部，甚至没有胸，而雌螳螂则侧着脸，继续泰然自若地啃着它的温柔爱人。而已经被肢解的雄螳螂竟然还牢牢缠在雌螳螂身上，继续履行它的职责。直到生殖器所在的部位——肚子被剪掉时，它才松手。如果说婚礼结束后，雌螳螂吃掉那已无用处的爱人还是可以理解的，那么这种在婚礼进行中就咀嚼爱人的暴行则是难以理解的。

螳螂家族里的其他成员也会吃掉雄性，我也已经接受了这一普遍习性。灰螳螂个头不大，也不在我的笼子里惹事，不和邻居争斗，但是，它们也吃雄螳螂。我已经厌倦四处奔走，为它们补充必需的雄性螳螂。通常，我只要把雄螳螂放进笼子里，不再需要雄螳螂满足其卵窝需要的雌螳螂便冲过来捉住它，满足食道的需要。

四、螳螂的窝

虽然我们已经知道螳螂如此凶残，但它也有值得称道之处。比如，螳螂能够建造十分精美的窝，这便是它众多优点中尤为突出的一个了。

在朝阳的地方，你可以轻而易举地找到螳螂的窝。比如，石头堆里，木头块下，树枝上，枯草丛里，砖块下，破布下，或者甚至是旧皮鞋上面等。总之，只要那个东西上有凹凸不平的表面，都可以作为螳螂筑窝的地基。

螳螂的窝长约四厘米，宽约二厘米。窝是金黄色的，看上去很像一粒麦子。窝是由一种泡沫很多的物质做成的，不久之后，这种物质就逐渐变成固体了，而且慢慢变硬了。如果点燃这种物质，便会产生像燃烧丝制品一样的焦味儿。因为螳螂窝所附着的地点不同，窝随着地形的变化而变化，所以螳螂窝的形状各异。但是，不管窝的形状多么富于变化，有一点是不变的，那就是它的表面总是凸起的。

螳螂窝总体可以分成三个部分。中间部分最窄，由两行并排的小鳞片组成，像屋顶上的瓦片一样前后覆盖着。这种小鳞片的边沿，有两行缺口，小螳螂孵化的时候，就是从这个地方跑出来的。其他部分的墙壁，则全都是不能穿过的。

螳螂的卵在窝里堆积成好几层。在每一层，卵的头都是向着缺口的。前面我已经提到过了，那道缺口有两行，分成左、右两边。所以，在这些幼虫中，有一半是从左边的缺口出来的，其余的则从右边的缺口出来。

有这样一个现象引起了我的注意：那就是母螳螂在建造这个十分精致的窝时，也正是它产卵的时候，母螳螂会排泄出一种黏性物质。这种物质很像毛虫排泄出来的丝液。这种物质在被排泄出来以后，与空气混合在一起，就会变成泡沫。然后，母螳螂就用身体尾端的两个小勺状的东西打起泡沫来。这种动作，就像我们用叉子搅打鸡蛋清一样。打出来的泡沫是灰白色的，很像肥皂沫。开始的时候，泡沫是有黏性的。几分钟后，黏性的泡沫就凝固变成了固体。母螳螂就是在这种泡沫的海洋中产卵、繁衍后代的。每产下一层卵，它就往卵上覆盖一层泡沫。

在新窝的出口，有一层细密多孔、纯洁无光的粉白状材料，就像白石灰。这与螳螂窝内部其他部分的灰白色完全不一样。不久以后，风吹雨打会把这层雪白外壳侵蚀，将它剥成小片，最终逐渐破裂脱落。所以，旧窝上就看不见它的痕迹了。

这两种材料，外表上看来迥然有别，但事实上，它们的质地却是完全一样的。它们只不过是本质相同而表现形式不同罢了。螳螂用两根小勺搅拌着泡沫。然后,它撇掉表面上的浮皮,将其用尾梢扫到一起,覆盖在窝背上形成雪白的涂层。因此,这种物质实际上仅仅是黏性物质最轻、最薄的那一部分。它看上去之所以会比较白一些,主要是因为它的泡沫比较细巧、光的反射力比较强罢了。

螳螂真是一种很能干的动物。产卵时,它排泄出用于保护的泡沫,可以用来作为隔热外套帮助幼虫度过寒冬。同时,它还能制造出一种交叉的薄片、重叠的鳞片和错开的通道。而在进行这一切工作的时候,螳螂都只是在窝的根脚处站立着,一动也不动,就在身后筑起一座了不起的建筑。而它自己对这个建筑物看都不看一眼。整个窝的构建完全依靠器官的运动,而它那粗壮有力的大腿,在整件事的过程中,竟然毫无用武之地。

母亲的工作完成以后,便放开一切,走开了。我总是对它抱着一线希望,盼望着它能够转身对孩子们表现出一点温情。但是,窝四周的蝗虫走来走去,对卵造成极大的威胁,它却毫不在意,可见它有多么冷漠和残忍了。

我观察了一下卵的数量,正常的每窝有三四百只。如此看来,这真是一个庞大的家族,如果没有内部的大量精简,还真的会泛滥成灾呢。

由于螳螂窝的结构如此奇特,所以人们总把它看作是一种有神秘功效的东西。在普罗旺斯,螳螂窝被人们当作医治冻疮的灵丹妙药。很多人把一个螳螂的窝劈成两半,挤出里面的浆汁来,涂抹在疼痛的部位。村里的人常说,螳螂窝仿佛有什么神奇的魔力。然而,我们全家人都试用过,没感觉到它有任何功效。

　　与此同时,在我们村还盛传螳螂窝医治牙痛非常有效。假如你有了它,也就用不着再怕牙痛了。一般情况下,妇女们常常在月夜里到野外去收集它。然后,她们小心翼翼地把它们收藏在衣橱的角落里,或者是把它们缝在一个袋子里面,好好收藏起来。如果附近的邻居牙疼的话,就会跑过来,说:"请借我一些螳螂窝吧,我牙疼得厉害。"另外的一个人马上拿出这宝贝,很慎重地对朋友说:"无论如何,千万别弄丢了。我就这么一个了。而且,现在又是没有月亮的时候!"

　　千万不要嘲笑她们,许多堂而皇之登在报纸第四版上的药也不比这更有效果。乡间的这些天真想法比古书里可先进多了。十六世纪的英国博物学家托马斯·穆菲告诉我们一个更加可笑的事情。他说在那个时候,如果一个小孩子在森林里迷了路,他可以询问螳螂,让它指点道路。螳螂会伸出它的一只爪子,指给他正确的道路,而且几乎从不会出错。

五、弱小与强大

　　螳螂卵的孵化,通常都是在阳光灿烂的六月中旬,大约上午十点的时候。

前面我已经交代过，螳螂窝中间的长条地带是唯一给幼虫留出来的出口。在出口区的每一个鳞片的下面，可以看见一个稍微有点儿透明的圆块儿。在这个圆块儿的后面，就是两个大大的黑点。那就是可爱的小家伙的一对小眼睛了。幼虫静静地伏卧在那个薄片下面，已经有近一半的身体解放了出来。它的身体呈淡黄色，又带有一些红色；圆圆的大脑袋是乳色的，因为血液的涌动而微微颤动；小嘴贴在胸部，腿则贴在身体前部。

这个小家伙，从外形上看，除了那些腿以外，其他部分都会让人联想到蝉刚从卵中出来时的样子，就是那种无鳍鱼的样子。

幼虫必须从窝中狭小而又弯曲的小道里爬出来。如果它想要完全地把自己的肢体伸展开来，那将根本找不到容纳的地方。这主要是因为，如果它完全伸展开身体，高高翘起的腿、用来杀戮的长钩和灵敏的触须都会成为前进途中的巨大障碍。正因为如此，这个小动物在刚刚来到世间的时候，是被包裹在一个襁褓之中的，那种形状就好像一只小船。

小幼虫刚刚降生，出现在窝中的薄片下面不久以后，头部便汇集了大量的汁液，逐渐膨胀成一个半透明的水泡。这个水泡是它用来蜕皮的工具。它不停地颤抖着一进一缩地努力地解放着自己的身体。就这样，每努力摆动一次身体，它的脑袋就要稍稍涨大一些。最后,它拱起前胸,头拼命靠近胸部。它前胸的膜终于破裂了。于是,它乘胜追击,摆动得更加剧烈了。渐渐地,它首先解放了它的腿和长触须,全身只有一些细带还和窝粘连在一起。再摆动几下,它就可以脱身了。

上百只小螳螂挤在一个不太宽敞的窝中,场景非常壮观。一只小螳螂率先醒来,其他的也纷纷睁开了双眼。它的孵化就像是一个统一行动的信号一样,信号迅速传递开去。几乎所有的卵都在同一时刻孵化出来,一起冲出它们的外衣。顿时,窝里挤满了小螳螂。它们没有在窝里多做停留,便纷纷爬了出来。整个过程还不到二十分钟。之后,窝中便恢复了寂静。再过几天以后,又会有些幼虫孵化出来,就这样直到孵化全部完成。

然而,这个世界对尚无自卫能力的幼虫来说是危机四伏的。我见过孵化时一只只小幼虫汹涌而出的热闹场面,之后也看到了它们遭到集体屠戮的惨烈场面。我总希望能够尽自己的绵薄之力,好好地保护这些刚刚来到世间的小生命。但不幸的是,每每这种愿望总是会落空。螳螂虽然产下了成百上千的卵,但事实上这还远远不够。因为它们一出卵时便会遭遇灭顶之灾。

谁又会想到这些昆虫世界未来的屠夫,在初生时会被侏儒蚂蚁消灭呢?每天,我都会在螳螂窝上发现这些强盗。我曾多次试图阻止这种暴行,但是娇嫩的幼虫对于蚂蚁的吸引力太大,狡猾的蚂蚁并没有就此放弃,而是继续在窝口等待时机。一旦幼虫出窝,守在外面的蚂蚁就冲上去把它撕成碎片。这是一场不公平的战役，幼虫只有乱踢乱蹬的份儿，战斗很快就结束了，只有少数小螳螂侥幸存活下来。这种屠戮持续时间很短，因为小螳螂在空气中稍微强壮点，蚂蚁就只能为它让道了。它那锐利的双刃放在胸前，好像随时准备出击一样，这足以吓退那些可耻的强盗。

小灰蜥蜴也来分一杯羹，不知道它从何得知这里有鲜美的食物。它用小小的舌尖，把从蚂蚁口里逃脱的小螳螂一只只舔到嘴里。虽然小螳螂只有一点儿大，味道却十分鲜美。因为这个爬行动物每吃一只，都眼睛微闭一下，一副心满意足的样子。我把这个趁火打劫的家伙赶走，可它竟然又折回。这次我让这个贪心的家伙吃足了苦头。

螳螂只有这些天敌吗？当然不止这些。还有一个强盗早就捷足先登了。它个头儿最小，却十分可怕。这是一种膜翅目小蜂科昆虫。它用钻孔器把自己的卵放在刚造好的螳螂窝里。我收集的螳螂窝，很多都是空的，或者几乎空了，就是这些小蜂科昆虫的杰作。

我把幸存的小螳螂收集起来。这些刚孵出的幼虫是淡黄色的。此时，它们头部的水泡迅速变小直至消失，颜色也逐渐变深，不到一天就变成了浅褐色。它们的活动已经变得十分灵活，比其他昆虫的幼虫敏捷多了。为了款待这些小家伙，我尝试喂它们蚜虫、碎苍蝇、刚刚孵出的小蝗虫以及各种植物的嫩叶，它们通通拒绝了，于是就都饿死了。这次失败的价值在于证明了一点,那就是昆虫在成熟前有一种我没发现的过渡食谱。然而,它们究竟吃什么呢?我就不得而知了。

　　这是一个奇妙的现象,螳螂产下成百上千只卵,其中仅有一小部分得以存活,并继续繁衍下去。而它们中的绝大部分都为其他生物的生存提供了食物。这就让我们想起那个古老的象征:一条蛇咬住了自己的尾巴。世界本身就是一个圆:结束是为了开始,而死亡则是为了生存。

蜘 蛛

· ·

一、纺织能手圆网蛛

(一)纺织能手的技艺

秋日的上午,阳光灿烂,捕鸟者在等待着。忽然,笼子里一阵骚动。燕雀发出了一声声的召唤:"潘克!潘克!"空中就飞来了新的伙伴,这些幼稚的小家伙来了。它们落到了危机四伏的空地上。捕鸟者迅速地把一根长绳一拉,使网像百叶窗似的忽然合下来。所有的鸟都被捕获了。

圆网蛛的网在其手段的卑劣方面,堪与捕鸟者的网相媲美,其精湛的技艺甚至超过了人类。在花园里,我精心准备了最有名的几种圆网蛛。我观察了其中六种,它们身材高大,都是心灵手巧的纺纱姑娘。它们是:条纹蛛、丝蛛、角形蛛、苍白球蛛、冠冕蛛和漏斗蛛。在气候宜人的季节，我可以随时观察它们，也能看到圆网蛛的踪迹。黄昏时分，我散步到园中，可以从一丛迷迭香里寻找蛛丝马迹。我所观察的都是些小圆网蛛。它们比成年的蜘蛛要小得多。而且它们都是在白天工作，甚至是在太阳底下工作的，而它们的母亲只有在黑夜里才开始纺织。每年七月份的时候，圆网蛛们便在太阳下山前两小时左右开始它们的工作了。

　　这时花园里的纺织姑娘们都离开了它们白天的居所，各自选定地盘，开始纺线。让我们就在这只小蜘蛛面前停下吧。它正在为自己的建筑奠基呢。它在迷迭香的花上爬来爬去，从一根枝端爬到另一根枝端，忙忙碌碌的，它所攀到的枝大约都是五十厘米之内的。太远的它就无能为力了。渐渐地它开始用自己梳子似的后腿把丝从身上拉出来，放在某个地方作为基底，然后漫无规则地一会儿爬上，一会儿爬下，这样奔忙了一阵子后，结果就构成了一个丝架子。这种不规则的结构正是它所需要的。这是一个垂直的扁平框架。正是因为它是错综交叉的，因此这个框架很牢固。后来它在架子的表面横过一根特殊的丝，别小看这根细丝，那是一个坚固的网的基础。这根线的中央有一个大白点，可别小看它。它是插在未来建筑物中心的标杆，是指引圆网蛛在混乱的变化过程中按部就班地工作的基准点。

　　现在是它纺织捕虫网的时候了。它先从中心的白色基准点沿着横线爬，很快就爬到架子的边缘，然后以同样快的速度回到中心,再从中心出发以同样的方式爬到架子边缘,就这样一会儿上,一会儿下,一会儿左,一会儿右。每爬一次便拉成一个半径,或者说,做成一根辐。不一会儿,便这儿那儿地做成了许多辐,但是看上去杂乱无章。

我们看到它已完成的网是那么整齐而有规则,一定会以为它做辐的时候也是按着次序一根根地织过去,然而恰恰相反,它从不按照次序做,但是它知道怎样使成果更完美。在同一个方向安置了几根辐后,它就很快地往另一个方向再补上几根,从不偏爱某个方向,它这样突然地变换方向是有道理的:如果它先把某一边的辐都安置好,那么这些辐的重量,会使网的中心向这边偏移从而使网扭曲,变成很不规则的形状。所以它在一边安放了几根辐后,立刻又要到另一边去,为的是时刻保持网的平衡。

难以置信,像这样毫无次序又时时间断的工作会造出一个整齐的网。可是事实确实如此,造好的辐与辐之间的距离都相等,而且形成一个很完整的太阳形的图案。不同的蜘蛛网的辐的数目也不同,角形蛛的网有二十一根辐,条纹蜘蛛有三十二根,而丝蛛有四十二根。这种数目并不是绝对不变的,但是基本上是不变的,因此你可以根据蛛网上的辐条数目来判定这是哪种类型的蜘蛛的网。

想想看,我们中间谁不用仪器,不经过练习,而能随手把一个圆等分呢?但是蜘蛛可以,尽管它身上背着一个很重的袋子,脚踩在软软的丝线上,那些线还随风飘荡,摇曳不定。虽然这些被划分出的小块面积并不是完全相等,但是数学的精确性在这里是多余的。我们对于它的工作已经赞叹不已了!

铺设辐的工作完成后,蜘蛛就回到中央的丝垫上。然后从这一点出发,踏着辐绕螺旋形的圈子,做一种极精致的工作。它大步斜走着,用极细的线在辐上排下密密的线圈。这是网的中心,让我们把它叫作"休息区"吧。越往外层它就用越粗的线绕。圈与圈之间的距离也逐渐增大。绕了一会儿,它离中心已经很远了,每经过一次辐,它就把丝固定在穿过的辐射线上。最后,它在框架的下边结束了它的工作。圈与圈之间的平均距离大约为十厘米。

这些螺旋形的线圈并不是曲线。在蜘蛛的工作中没有曲线,只有直线和折线。这线圈其实是辐与辐之间的横档所连成的。以前所做的只能算作是一个支架,现在它将要在这上面做更为精致的工作。这一次它从边缘向中心绕。而且圈与圈之间排得很紧,所以圈数也很多。

要看清它的工作详情很难,因为它的动作极为迅速而且网振动得很厉害,包括一连串的跳跃、摇摆和弯曲,使人看得眼花缭乱。如果分解它们的动作,可以看到它的其中两条腿不停地动着,一条腿把丝拖出来传给另外一条腿,另一条腿就把这丝安在辐上。由于丝本身有黏性,所以很容易在横档和丝接触的地方把新拉出来的丝黏上去。

圆网蛛不停地绕着圈，一边绕一边把丝黏在辐上。它到达了那个被我们称作"休息区"的边缘了。于是它立刻结束了它的绕线运动。之后它就会把中央的丝垫子吃掉。它这么做是为了节约材料，下一次织网的时候就可以把吃下的丝再纺出来用了。

（二）黏性十足的纺织网

圆网蛛用来做螺旋圈的丝是一种非常特别的东西，和那种用来构成框架的丝不一样。它在阳光下闪闪发光，显出其中的结节，像是一串小颗粒编成的念珠。我把一块玻璃片放在网下，把网托住，取下几段要进行研究的丝，平行地固定在玻璃上，用放大镜和显微镜观察。这些丝的末端是一圈圈非常密的螺旋丝；另外，丝是空心的，是一根非常细的管子，里面装满了好像溶解了的阿拉伯树胶那样的黏液。这黏液从丝的端头流出，是半透明的液体。放在显微镜载物台上用玻璃片压住，螺旋卷便延伸成从一端到另一端都扭卷着的细带，在中间有一道暗线，这是空腔。

穿过卷曲的管状丝的管壁，丝内所含有的黏液一点点儿地渗出来，使整个网兜富有黏性，而且黏度令人惊叹不已。我用一根细麦秸轻轻地碰了碰一段丝。虽然只是轻轻地触碰，麦秸还是被黏住了。我抬高麦秸，丝就被拉了起来，可以长达原长的一到两倍。由于绷得太紧，丝脱落下来，但它并没有断，只是重新缩回了原来的样子。丝被拉长时，螺旋卷松开，缩短时又重新卷曲起来。最后，黏液渗到丝的表面使丝成为黏合物。

圆网蛛捕猎并不是在一般的网上，而是坐在带黏胶的网上。它几乎能粘住所有的猎物。但随之就有一个问题出现了：蜘蛛自己为什么不会被粘住呢？

我想其中一个原因是，它的大部分时间是坐在网中央的休息室里，而那里的丝完全没有黏性。不过这个说法不能自圆其说，它无法一辈子坐在网中央不动，有时候，猎物在网的边缘被粘住了，它必须很快地赶过去放出丝来缠住它，在经过自己那充满黏性的网时，它怎么防止自己不被粘住呢？是不是它脚上有什么东西使它能在黏性的网上轻易地滑过呢？它是不是涂了什么油在脚上？试验证明的确如此。蜘蛛在自己身上，涂上了一层特别的"油"，这样它能在网上自由地走动而不被粘住。但它又不能老停在黏性的螺旋圈上，因为跟这些丝接触久了，就会引起黏附，从而妨碍它的行动，所以它大部分时间待在自己的"休息区"里。而一旦猎物被粘住，它就飞速冲过去，把猎物捆绑好，咬一咬，再把俘虏拖到一根丝的末端，以便在没有黏性的丝的地方慢慢享用。

蜘蛛还是一个积极热忱的劳动者。我曾计算过，角形蛛每做一个网需制造大约二十米长的黏性丝。丝蛛更灵巧，可以造出三十米长的丝。在这两个月中，我的邻居角形蛛几乎每天晚上都要重新编织它的网。在这个时期中，它娇小瘦弱的身体上抽出了一千多米这种管状的、充满黏胶的丝。我单单看到了产品,却不知道它是如何生产出这么多神奇的丝的。还是让我们把这个难题留给解剖学家和生物学家吧。

(三)网中的"对数螺线"

让我们来看看圆网蛛的网吧。首先,我们会发现它的辐射丝是等距离的,每对相邻的辐所交成的角都是相等的。虽然辐的数目对不同的蜘蛛而言是各不相同的,可这个规律适用于各种蜘蛛。一种可以说是毫无秩序、狂热而随意的操作,却产生了像是圆规量出来的圆网。

我们可以看到,在同一个扇形面里,所有的弦,也就是那构成螺旋形线圈的横辐,都是互相平行的,并且越靠近中心,这种弦之间的距离就越远。每一根弦和支持它的两根辐交成四个角,一边的两个是钝角,另一边的两个是锐角。而同一扇形中的弦和辐所交成的钝角和锐角正好各自相等——因为这些弦都是平行的。

不但如此,这些相等的锐角和钝角,又和别的扇形中的锐角和钝角分别相等。所以,总的看来,这螺旋形的线圈包括一组组的横档以及一组组条辐交成的相等的角。

这种特性使我们想到数学家们所称的"对数螺线"。这种曲线在科学领域是很著名的。对数螺线是一根无尽的螺线,它永远向着极点绕,越绕越靠近极点,但又永远不能到达。这是一种无限的绕圈。即使用最精密的仪器,我们也看不到一根完全的对数螺线。这种图形只存在科学家的假想中,可令人惊讶的是小小的蜘蛛也知道这线,它就是依照这种曲线的法则来绕它网上的螺线的,而且做得很精确。

这螺旋线还有一个特点:如果你用一根有弹性的线绕成一个对数螺线的图形,再把这根线放开来,然后拉紧放开的那部分,那么线的运动的一端就会形成一根和原来的对数螺线完全相似的螺线,只是变换了一下方向。这个定理是一位名叫雅各布·伯努利的数学家发现的。他死后,后人把这条定理刻在他的墓碑上,作为他的荣誉头衔。

那么,难道有着这些特性的对数螺线只是几何学家的一个梦想吗?这真的仅仅是一个梦、一个谜吗?那么它究竟有什么用呢?

它是普遍存在的,有许多动物的建筑都采用这一结构。有一种蜗牛的壳就是依照对数螺线构造的。世界上第一只蜗牛知道了对数螺线,然后用它来造壳,一直到现在,壳的样子还没变过。

在壳类的化石中,这种螺线的例子还有很多。在印度,我们还可以找到一种太古时代的生物的后代,那就是海鹦鹉螺。它们还是很坚贞地守着祖传的老法则,它们的壳和世界初始时它们的老祖宗的壳完全一样。它移动了螺线的位置,放在中心处而不是放在背上,但它仍像混沌初开时的菊石那样,根据对数的规则绕它的螺线。普通的蜗牛壳也是属于这一构造。

可是这些动物是从哪里学到这种高深的数学知识的呢?

又是怎样把这些知识应用于实际的？有这样一种说法，软体动物是从毛虫进化来的。某一天，毛虫被太阳晒得舒服极了，无意识地揪住自己的尾巴玩起来，把它绞成螺旋形取乐。突然它发现这样很舒服，于是常常这么做，久而久之便成了螺旋形的壳了。

但是蜘蛛呢？它从哪里得到这个概念呢？因为它和毛虫没有什么关系，然而它却很熟悉对数螺线，而且能够简单地运用到它的网中。软体动物为了建造它的螺塔要花整整几年，所以它能做得美轮美奂。但蛛网差不多只用一个小时就造成了，所以它只能做出这种曲线的一个轮廓，尽管不精确，但这确实算得上是一根螺旋曲线。是什么东西在指引着它呢？除了天生的技巧外，什么都没有。天生的技巧能使动物控制自己的工作，正像植物的花瓣和花蕊的排列法，它们天生就是这样的。没有人教它们怎么做，而事实上，它们也只能做这么一种。蜘蛛自己不知不觉地在练习高等几何学，靠着它生来就有的本领很自然地工作着。

我们抛出一块石子，让它落到地上，这石子在空间的路线是一根特殊的曲线。树上的枯叶被风吹下来落到地上，所经过的路程也是这种形状的曲线。科学家称这种曲线为抛物线。

几何学家对这曲线做了进一步的研究，他们假想这曲线在一根无限长的直线上滚动，那么它的焦点将要画出怎样一道轨迹呢？答案是：垂曲线。这要用一个很复杂的代数式来表示。如

果要用数字来表示的话，这个数字的值约等于这样一串数字

"$1 + \dfrac{1}{1} + \dfrac{1}{1 \times 2} + \dfrac{1}{1 \times 2 \times 3} + \dfrac{1}{1 \times 2 \times 3 \times 4} + \cdots\cdots$"的和。几何

学家不喜欢用这么一长串数字来表示，所以就用"e"来代表这个数。"e"是一个无限不循环小数，数学中常常用到它。如果读者对这个级数的前几项进行计算，就会得到 e=2.7182818……

根据这个奇怪的数字，我们现在还会认为这纯粹是个想象的东西吗？根本不会，每当地心引力和扰性同时发生作用时，悬链线就在现实中出现了。当一根弹性线的两端固定，而中间松弛的时候，它就形成了一根垂曲线；当船的帆被风吹着的时候，就会弯曲成垂曲线的图形。这些寻常的图形中都包含着"e"的秘密。一根无足轻重的线，竟包含着这么多深奥的科学！我们暂且别惊讶。一根一端固定的线的摇摆，一滴露水从草叶上落下来，一阵微风在水面拂起了微波，这些看上去稀松平常、极为平凡的事，如果从数学的角度去研究的话，就变得非常复杂了。

我们人类的数学研究方法是十分巧妙的。但我们不必过分地佩服发明这些方法的人。因为和那些小动物的工作比起来，这些繁重的公式和理论显得又慢又复杂。难道将来我们想不出一个更简单的形式，并使它运用到实际生活中吗？难道人类的智慧还不足以让我们不依赖这种复杂的公式吗？我相信，越是高深的道理，其表现形式越应该简单而朴实。

现在这个魔术般的"e"字又在蜘蛛网上出现了。在一个有

雾的早晨,这黏性的线上排了许多小小的露珠。它的重量把蛛网的丝压得弯下来,于是构成了许多垂曲线,像许多透明的宝石串成的链子。太阳一出来,这一串珠子就发出彩虹般美丽的光彩。"e"就包蕴在这绚丽多彩的链子里。

几何——这面积上的和谐,几乎统治着自然界的一切。在松果鳞片的排列中以及圆网蛛黏胶网的线条排列中,在蜗牛的螺线中,在行星的轨道上,我们都能找到它,它无处不在,无时不在,在原子的世界里,在广大的宇宙中,它的足迹遍布天下。

这种普遍的几何学就像一位万能的几何学家,它那神奇的工具测量了宇宙间所有的东西。万事万物都有一定的规律。我更喜欢用这个假设来解释海鹦鹉螺和蛛网的对数螺线,而不是毛虫卷尾巴而形成螺线的说法。

(四)脚下的电报线

我看到的六种圆网蛛当中,通常歇在网中央的只有两种——条纹蜘蛛和丝蛛。它们即使受到烈日暴晒,也绝不会轻易离开网去阴凉处歇一会儿。至于其他蜘蛛,它们一律不在白天出现。它们自有办法使工作和休息两不相误,在离它们的网不远的地方,有一个隐蔽的场所,是用叶片和线卷成的。白天它们就躲在这里面,静静地驻守在那儿。

在明媚的白天里,蜘蛛们头晕目眩,其他昆虫却是活蹦乱跳的。蝗虫们活泼地跳着,蜻蜓们快活地飞舞着,所以正是蜘蛛们捕食的好时机。那带有黏胶的网晚上是蜘蛛的居所,白天则是一个陷阱。如果有一些又粗心又愚蠢的昆虫碰到网上,被粘住了,躲在别处的蜘蛛是否会知道呢? 不要为蜘蛛会错失良机而担心,只要网上一有动静,它便会闪电般地冲过来。下面就让我们来看看它是怎么知道网上发生事情的吧。

蜘蛛依靠网的振动来判断网上是否有猎物,而不是眼睛。为了证明这一点,我把一只死蝗虫轻轻地放到有好几只蜘蛛的网上,并且放在它们看得见的地方。有几只蜘蛛是在网中,有几只是躲在隐蔽处,可是它们似乎都不知道网上有了猎物。后来我把蝗虫放到了它们面前,它们还是一动不动。它们似乎瞎了,什么也看不见。于是我用一根长草拨动那死蝗虫,让它动起来,同时使网振动起来。

结果停在网中的条纹蛛和丝蛛飞速赶到蝗虫身边,其他隐藏在树叶里的蜘蛛也飞快地赶来,好像平时捉活虫一般,熟练地放出丝来把死蝗虫捆了又捆,缠了又缠,丝毫不怀疑自己是不是在浪费宝贵的丝线。由此可见,蜘蛛什么时候出来攻击猎物,完全要看网什么时候振动。

仔细观察那些白天埋伏的蜘蛛们的网,我们可以发现网中心有一根丝斜斜地一直通到它们埋伏的地方。这根丝大约有五十厘米长。蜘蛛在网中央的工作完毕后,会沿着这根丝回到埋伏的地方,不过这并不是这根丝的全部效用。如果它的作用仅仅在于这些的话,那么这根丝应该从网的顶端直接引到蜘蛛的埋伏处就可以了,既减小坡度,又缩短距离。

因为中心是所有的辐的出发点和连接点，所以这根丝要从网的中心引出。每一根辐的振动，对中心都有直接的影响。一只虫子在网的任何一部分挣扎，都能把振动直接传导到中央这根丝上，所以蜘蛛远远地躲在隐蔽处，就可以从这根丝上得到猎物落网的消息。这根斜丝不仅是一座桥梁，也是一种信号工具，是一根电报线。

年轻的蜘蛛们都很活泼，它们都不懂得接电报线的技术。只有那些老蜘蛛们，当它们坐在绿色的帐幕里默默沉思或是安详地假寐时，它们会留心着电报线发出的信号，从而得知在远处发生的动静。

长时间的守候是辛苦的，为了减轻工作的压力和好好休息，同时又丝毫不放松对网上发生的情况的警觉，蜘蛛总是把脚踩在电报线上。我曾经观察过一只在两棵相距一码的常青树间结了网的角形蛛。太阳照得丝网闪闪发光，它的主人早已在天亮之前藏到居所里去了。如果你沿着电报线找过去，就很容易找到它的居所。那是一个用枯叶和丝做成的圆屋顶，造得很深，蜘蛛的身体几乎全部隐藏在里面，用身体后端堵住进口。

它的前半身埋在居所里，所以它当然看不到网上的动静了——即使它有一双敏锐的眼睛也未必看得见，何况它其实是个半瞎子呢！那么在阳光灿烂的白天，它是不是就放弃捕食了呢？让我们再看看吧。

好极了！它的一条后步足忽然伸出树叶盖的屋子外面来

了,而电报线就连着这只脚尖。谁如果没有看到过蜘蛛手上牵着电报线的姿势,就不会知道这种昆虫最奇妙的技巧。一只猎物碰上了它的电报线,它的步足接收到振动的信息,于是它立刻从睡梦中惊醒,急急忙忙跑来。我故意放了一只蝗虫在网上,然后一切都像我预料的那样,虫子的振动带动网的振动,网的振动又通过电报线传导到守株待兔的蜘蛛的脚上。蜘蛛为得到食物而满足,而我比它更满意:因为我了解到了我想知道的东西。

还有一点值得关注的地方。那蛛网常常要被风吹动,那么电报线是不是不能区分网的振动是来自猎物的还是风的呢?事实上,当风的吹动引起电报线晃动的时候,在居所里闭目养神的蜘蛛并不行动,它似乎对这种假信号不屑一顾。所以这根电报线的另外一个神奇之处在于,它就像我们人类的电话一样,能够把声音发出的分子颤动传输过来。蜘蛛用一个脚爪抓住它的电报线,用脚听着信号。它能分辨得出哪种颤动来自于猎物,哪种颤动只是由于风的吹动。

二、凶残毒辣的纳尔仓那狼蛛

蜘蛛是一种声名狼藉的昆虫:大多数人都认为它是一种可怕的动物,一看到它就想把它一脚踩死,这可能和蜘蛛狰狞的外表有关。不过一个仔细的观察者会知道,它是一个十分勤奋的劳动者,是一个天才的纺织家,也是一个狡猾的猎人,并且在其他方面也很有意思。所以,即使不从科学的角度看,蜘蛛也是一种值得研究的昆虫。但大家都说它有毒,这便是它最大的罪名,也是大家都惧怕它的原因。

不错,它的确有两颗毒牙,可以立刻致它的猎物于死地。如果仅从这一点出发,我们的确可以说它是可怕的动物,但毒死一只小虫子和谋害一个人是两件迥然不同的事情。不管蜘蛛能怎样迅速地结束一只小虫子的生命,对于人类来说,都不会有比蚊子的一刺更可怕的后果了。所以,我可以大胆地说,大部分的蜘蛛都是无辜的,它们莫名其妙地被冤枉了。

但是,有少数种类的蜘蛛的确是有毒的。据意大利人说,狼蛛的一刺能使人痉挛而疯狂地跳舞。要治疗这种病,除了音乐之外,再也没有别的灵丹妙药了,并且只有固定的几首曲子治疗这种病特别灵验。这种传说听起来有点可笑,但仔细一想也有一定道理。狼蛛的刺或许能刺激神经而使被刺的人失去常态,只有音乐能使他们镇定而恢复常态,而剧烈地跳舞能使被刺中的人出汗,从而把毒驱赶出来。

在我们这儿,最厉害的是黑腹舞蛛,又称纳尔仓那狼蛛。从它们身上可以得知蜘蛛的毒性有多大。这种狼蛛的腹部长着黑色的绒毛和褐色的条纹,腿部有一圈圈灰色和白色的斑纹。它最喜欢住在长着百里香的干燥沙地上。我那块荒地,刚好符合这个要求。在荒地上,这种蜘蛛的穴有二十多个。我每次经过洞边,向里面张望的时候,总可以看到四只大眼睛。这位隐士的四个望远镜像金刚钻一般闪着光,在地底下的四只小眼睛就不容易看到了。

狼蛛的居所大约有三十厘米深,三厘米宽,是它们用自己的毒牙挖成的,刚刚挖的时候是笔直的,以后才渐渐地打弯。洞的边缘有一堵矮墙,是用稻草和各种废料的碎片甚至是一些小石头筑成的,看上去有些简陋,不仔细看还看不出来。有时候这种围墙约有三厘米高,有时候却仅仅是地面上隆起的一道边。我家里就养了几只狼蛛,现在就让我把它们介绍给你吧。

(一)见血封喉

我做了一次试验,让一只狼蛛去咬一只将要出巢的小麻雀。麻雀受伤了,一滴血流了出来,伤口被一个红圈圈着,一会儿又变成了紫色,而且这条腿已经不能用了,使不上劲。它只能用单腿跳着。除此之外它好像也没什么痛苦,胃口也很好。我的女儿同情地把苍蝇、面包和杏酱喂给它吃。这可怜的小麻雀做了我的实验品,但我相信它不久以后一定会痊愈——这也是我们一家共同的愿望。十二个小时后,我们对它的伤情仍然挺乐观的。它仍然好好地吃东西,喂迟了它还要发脾气。可是两天以后,它不再吃东西了,羽毛零乱,身体缩成一个小球,有时候一动不动,有时候发出一阵痉挛。我的女儿怜爱地把它捧在手里,呵着气使它温暖。可是它痉挛得越来越厉害,次数越来越多。最后,它终于离开了这个世界。

那天的晚餐席上透着一股寒气。我从一家人的目光中看出他们对我的这种试验的无声的抗议和责备。我知道他们一定认为我太残忍了。大家都为这只不幸的小麻雀的死而悲伤。我自己也很懊悔：我所要知道的只是很小的一个问题，却付出了那么大的代价。

尽管如此，我还是鼓起勇气继续我的实验。这次，我用一只鼹鼠来做实验。它是正在偷田里的莴苣时被我们捉住的，所以即使它死于非命也不足惜。我把它关在笼子里，用各种甲虫、蚱蜢喂它，它大口大口贪婪地吃着，被我养得胖胖的，健康极了。

我让一只狼蛛去咬它的鼻尖。被咬过之后，它不住地用它的宽爪子挠抓着鼻子，因为它的鼻子开始慢慢地腐烂了。从这时开始，这只大鼹鼠渐渐食欲不振，什么也不想吃，行动迟钝，我能看出它浑身难受。到第二个晚上，它已经完全不吃东西了。大约在被咬后三十六小时，它终于死了。笼里还剩着许多的昆虫没有被吃掉，证明它不是被饿死的，而是被毒死的。

可见，狼蛛的毒牙不仅能结束昆虫的性命，对一些稍大一点的小动物来说，也是十分可怕的。它可以致麻雀于死地，也可以使鼹鼠毙命，尽管两者的体积要比它大得多。虽然后来我再没有做过类似的试验，但我可以说，我们千万要小心，不要被它咬到，这实在不是一件可以拿来试验的事。

我们试着把这种蜘蛛和黄蜂做一下比较。蜘蛛，因为它自己靠新鲜的猎物生活，所以它咬昆虫头部的神经中枢，使它立刻死去；而黄蜂，它要保持食物的新鲜，为它的幼虫提供食物，因此它刺在猎物的另一个神经中枢上,使它无法动弹。相同的是,它们都喜欢吃新鲜的食物,用的武器都是毒刺。

（二）守"洞"待"虫"

我在实验室的泥盆里,养了好几只狼蛛。从它们那里,我看到狼蛛猎食时的详细情形。这些做了我的俘虏的狼蛛的确很健壮。它们的身体藏在洞里,脑袋探出洞口,玻璃般的眼睛向四周张望,腿缩在一起,做着随时准备跳跃的姿势,在阳光下静静地守候着,一两个小时,不知不觉就过去了。

如果它看到一只可作猎物的昆虫在旁边经过,它就会像箭一般地跳出来,用它的毒牙狠狠地咬在猎物的头部,然后露出满意又快乐的神情。那些倒霉的蝗虫、蜻蜓和其他许多昆虫还没有明白过来是怎么回事,就做了它的盘中美餐。它拖着猎物很快地回到洞里,也许它觉得在自己家里用餐比较舒适吧。它的技巧以及敏捷的身手令人叹为观止。

如果猎物离它不太远,它纵身一跃就可以扑到,很少有失手的时候。但如果猎物在很远的地方,它就会放弃,决不会特意跑出来穷追不舍。从这一点可以看出狼蛛是很有耐性,也很有理性的。因为在洞里没有任何帮助它猎食的设备,它必须始终傻傻地守候着。如果是没有恒心和耐心的虫子,一定不会这样持之以恒,肯定没多久就退回到洞里睡大觉了。可狼蛛不是,它确信,猎物今天不来,明天一定会来,明天不来,将来也总有一天会来。在这块土地上,蝗虫、蜻蜓之类多得很,并且它们又总是那么不小心，总是刚好跳到狼蛛近旁，所以狼蛛只需等待时机，然后窜上去捉住猎物，将其杀死，当场吃掉，或者拖回去再吃。

虽然狼蛛的等待多半一无所获，但它的确不大会受到饥饿的威胁，因为它有一个可以节制的胃。它可以在很长一段时间内不吃东西而不感到饥饿。比如我那实验室里的狼蛛，有时候我会连续一个星期忘了喂食，但它们看上去照样气色很好。在饿了很长一段时间后，它们并不见得憔悴，只是变得极其贪婪，就像狼一样。

在狼蛛年幼的时候，它还没有一个藏身的洞，不能躲在洞里等待，却有另外一种觅食的方法。那时它也有一个灰色的身体，像成年狼蛛一样，但没有黑绒腰裙——那要到结婚年龄时才有。它在草丛里徘徊着，这才是真正的打猎。当小狼蛛看到一种它想吃的猎物时，就冲过去蛮横地把它赶出巢，然后紧追不舍。那亡命者正预备起飞逃走，可是往往已经太迟了——小狼蛛已经扑上去把它逮住了。我喜欢它捕捉苍蝇时那种敏捷的动作。苍蝇虽然常常歇在约六厘米高的草上，可是只要狼蛛猛然一跃，就能把它捉住，那速度比猫捉老鼠都要快很多。因为那时候狼蛛身体比较轻巧，行动不受任何限制，可以随心所欲地捕猎。成年以后它要带着卵跑，不能任意地东跳西蹿，所以就先替自己挖个洞，整天在洞口守候着。

(三)母性的光辉

动物都有保护自己后代的本能，即使可怕的狼蛛也不例外。假如你听了它们是怎样关爱自己的家庭的故事，你一定会在惊异之余改变对它的看法。

八月的一个清晨，我发现一只狼蛛在地上织网，网的大小和一只手掌差不多。这个网很粗糙，也不美观，但是很坚固，而且能使它的巢和沙地隔开。在这网上，它用最好的白丝织成一片大约有一枚硬币大小的席子，它把席子的边缘加厚，直到这席子变成一个碗的形状，周围圈着一条又宽又平的边。它在这网里产了卵，再用丝把它们盖好。这样从外面看，我们只能看到一个圆球放在一条丝毯上。然后它就用腿把那些攀在圆席上的丝一根根抽去，然后把圆席卷上来，盖在球上。然后它再用牙齿拉，用扫帚般的腿扫，直到它把藏卵的袋从丝网上拉下来为止，这可是一项劳神费力的工作。

这袋子是个白色的丝球，摸上去又软又黏，大小像一颗樱桃。如果你仔细观察，那么你会发现袋的中间有一圈水平的折痕，那里面可以插一根针而不至于把袋子刺破。这条折痕就是那圆席的边。圆席包住了袋子的下半部，上半部是小狼蛛出来的地方。除了狼蛛妈妈在产好卵后铺的丝以外，再也没有别的遮蔽物了。袋子里除了卵以外，也没别的东西，不像条纹蜘蛛那样，里面衬着柔软的垫褥和绒毛。狼蛛不必担心气候对卵的影响，因为狼蛛的卵在冬天来临之前就孵化了。

狼蛛妈妈整个早晨都在忙着编织袋子。现在它累了,它紧紧抱着它那宝贝小球,静静地休息着,生怕一不留神就把它弄丢了。第二天早晨,我再看到它的时候,它已经把这小球挂到它身后的丝囊上了。差不多有三个多星期,它总是拖着那沉重的袋子。不管是爬到洞口的矮墙上,还是在遭到了危险急急退入地洞的时候,或者是在地面上散步的时候,它从不肯放下它的宝贝小袋子。如果有什么意外的事情使这个袋子脱离它的怀抱,它会立刻疯狂地扑上去,紧紧地抱住它,并准备好反击那抢它宝贝的敌人。接着它很快地把小球挂到丝囊上,很不安地带着它匆匆离开这个是非之地。

在夏末的那几天里,每天早晨,太阳已经把土地烤得很热的时候,狼蛛就要带着它的小球从洞底爬出洞口,静静地趴着。过去,在初夏时节,它们也常常在太阳高挂的时候爬到洞口,前半身伸出洞外,后半身藏在洞里。它让太阳光照到眼睛上,而身体仍在黑暗中。不过现在,它们这么做完全是为了另外一个目的。现在它带着小球,晒太阳的姿势刚好相反:前半身在洞里,后半身在洞外。它用后腿把装着卵的白球举到洞口,轻轻地转动着它,让每部分都能受到阳光的沐浴。这样足足晒了半天,直到太阳落山。它的耐心实在令人感动,而且它不是一天两天这样做,而是连续三四个星期天天如此。

(四)和妈妈在一起

九月初的时候,小狼蛛要准备出巢了。这时小球会沿着折痕裂开。这些小狼蛛出来以后，就爬到母亲的背上，紧紧地挤着，大约有两百只，像一块树皮似的覆盖在母蛛背上。那个袋子在孵化工作完毕的时候就从丝囊上脱落下来，被抛在一边了。这些小狼蛛都很乖，只是静静地歇着，不会为了自己挤上去而把别的小狼蛛推开。

狼蛛妈妈不管是在洞底沉思，还是爬出洞外去晒太阳、觅食，总是背着一大堆孩子。它从不会把这件沉重的外衣甩掉，直到恰当的季节降临。它们在母亲背上吃些什么呢？照我看来，它们什么也没吃。我看不出它们长大，它们最后离开母亲的时候，和它们刚从卵里出来的时候一样大。在天气恶劣的时候，狼蛛妈妈自己也吃得很少。如果我捉一只蝗虫去喂它，常会过了很久以后它才吃。

三月，当我去观察那些被风雨或霜雪侵蚀过的狼蛛的洞穴的时候，总可以发现母蛛在洞里，仍是充满活力的样子，背上还是背满了小狼蛛。也就是说，母蛛背着小蛛们活动，至少要经过五六个月。著名的美洲负重能手鼷鼠也不过把孩子们背上几个星期，之后就把它们送走了。

但是，背着小狼蛛出征是很危险的。这些小东西常常会被路上的草拨到地上。如果有一只小狼蛛跌落到地上，它将会遭遇什么样的命运呢？它的妈妈会不会帮它爬上来呢？答案是否定的。我用一支笔把我实验室中的一个狼蛛妈妈背上的小蛛拨下，母亲却毫不惊慌，也不准备帮助它的孩子，而是继续若无其事地往前走。那些落地的小东西在沙地上爬了一会儿,不久就都攀住了它们的母亲身体的一部分:有的在这里攀住了一只脚,有的在那里攀住了一只脚。好在它们的母亲有不少脚,而且撑得很开,小蛛们就沿着这些柱子往上爬。不一会儿,这群小蛛又像原来那样聚在母亲背上了,没有一只会漏掉。在这样的情况下,小狼蛛很会自己照顾自己,母亲从来不需要为它们的跌下而费心。

在狼蛛妈妈背着小蛛的七个月里,它究竟喂不喂它的孩子们吃东西呢?当它猎取了食物后,是不是邀孩子们共享呢?通常母蛛总是在洞里吃东西,不过有时候偶然也到门口就着新鲜空气用餐。只有这时候我才有机会,看到这样的情形:当母亲吃东西的时候,小蛛们连一点要爬下来分享美餐的意思都没有,好像丝毫不觉得食物诱人一样。它们的母亲也不客气,没给它们留下任何食物。母亲在那儿大快朵颐,孩子们在那儿张望着——不,确切地说,它们仍然伏在妈妈的背上,似乎根本不知道吃东西是怎样一种概念。

那趴在母亲背上整整七个月的时间里,狼蛛宝宝们靠什么维持生命的呢?你或许会猜想它们不会是从母亲的皮肤上吸取养料的吧?我发现并非如此。因为据我观察,它们从来没有把嘴贴在母亲的身上吮吸。而那母蛛,也并没有瘦削和衰老,它还是和以往一样精神抖擞,甚至比以前更胖了。那么这些小蛛靠什么维持生命呢?一定不是以前在卵里吸收的养料。以前那些微

不足道的养料,别说是不能帮它们造出丝来,连维持它们的小生命都很困难。在小蛛的身体里一定有着另外一种能量。

它们还在卵里的时候,狼蛛妈妈就每天把卵放在太阳下晒。这唤醒生命萌动的日光浴,在之后的岁月里仍在发挥着作用。七个月中,只要天气晴朗,狼蛛妈妈就背着她的孩子们从洞里爬出来,趴在洞口晒太阳。小狼蛛就在母亲背上打哈欠,伸伸懒腰,得到了足够的能量,储存了动力。天黑的时候,阳光餐厅打烊了,妈妈才带着吸饱了阳光的孩子回到洞里。即便是在冬天,只要天气晴好,它们就会出来晒太阳,直到小狼蛛脱离妈妈的监护,自己吃饭为止。

(五)独自去远方

三月底,一个阳光灿烂的日子,小狼蛛决定离开妈妈,独自去闯荡世界了。它们三五成群地爬下母亲的背。狼蛛妈妈似乎对眼前的离别无动于衷。小狼蛛们在地上爬了一会儿后,便用惊人的速度爬向网罩的顶端。它们的母亲喜欢住在地下,它们却喜欢往高处爬。架子上恰好有一个竖起来的环,它们就顺着环很快地爬了上去。就在这上面,它们快活地纺着丝,搓着疏松的绳子。它们的腿不住地往空中伸展。

我把一根树枝插在网罩上。它们立刻又爬了上去,一直爬到树梢上。在那里,它们又放出丝来,攀在周围的东西上,搭成吊桥。它们就在吊桥上来来去去,忙碌地奔波着,看它们的样子似乎还不满足,还一个劲儿地往上爬。在那儿,它们又乐此不疲地放出丝搭成吊桥。不过这次的丝很长很细,几乎是飘浮在空中的,轻轻吹口气就能把它吹得剧烈地抖动起来,所以那些小蛛在微风中好像在空中跳舞一般。这种丝我们平时很难看见,除非刚好有阳光照在丝上,才能隐隐约约看到它。忽然一阵微风把丝吹断了。断了的一头在空中飘扬着。再看这些小蛛,它们吊在丝上荡来荡去,等着风停。如果风大的话,可能把它们吹到很远的地方。这种情形又要维持好多天。如果在阴天,它们会保持静止,动都不想动,因为没有阳光供给能量,它们不能随心所欲地活动。

最后,孩子们都消失了,它们纷纷被飘浮的丝带到各个地方,只剩狼蛛妈妈一个。它一下子失去那么多孩子,却似乎并不悲痛,更加精神焕发地到处觅食,因为这时候它背上再也没有厚厚的负担了。狼蛛如此好胃口告诉我们它还没到死的时候。我的食客们充满活力地进入了第四个年头。冬天,我见过一些带着孩子的大个儿母亲和另一些个头小一半的母亲,它们是一家三代。我罩子里的老母亲还和以前一样健壮。她已经当了曾祖母,却仍保持着生育能力。

三、不结网的蟹蛛

蟹蛛是横着走路的,有点儿像螃蟹,而且前步足比后步足粗壮,所以叫蟹蛛。这种蜘蛛不会用网捕猎。它的捕食方法是埋伏在花丛中等待猎物经过,然后飞速上去死死掐住对方的脖子。它最喜欢捕食蜜蜂。蜜蜂为了采蜜来到了花丛中,舔着花蜜,然后挑选一个能采到许多花蜜的花蕊,一心一意地开始工作。当它正埋头苦干的时候,蟹蛛早就虎视眈眈地从隐藏的地方悄悄地爬出来,走到蜜蜂背后,越走越近,然后一下子冲上去,狠狠掐住蜜蜂的后脖颈根部。任凭可怜的蜜蜂拼命挣扎,用蜇针乱舞一气,蟹蛛始终都不放手。蟹蛛这个凶手快乐而满足地吸着它的血,吸完后便把蜜蜂干瘪的尸体丢在一旁,等待下一个目标了。

蟹蛛虽然是个残忍的凶手,但你又不得不承认,它也是一只非常漂亮的小东西。尽管它们金字塔状的身上坠着一个大肚子,下端左右两边各有一块小小的隆起的肉,好像骆驼的驼峰一样,但是它们的皮肤比任何绸缎都要好看,有的是乳白色的,有的是柠檬色的。它们有些特别漂亮:腿上有着粉红色的环,背上镶着深红的花纹,有时候在胸的左边或右边还有一条淡绿色的带子。这身打扮虽然不像条纹蛛那么华丽,但是由于它的肚子不那么松弛,花纹又细致,色彩鲜艳又搭配协调,所以,看起来倒反而比条纹蛛的衣服典雅、高贵。人们见了别的蜘蛛都敬而远之,但对美丽的蟹蛛却怎么也怕不起来,因为它实在长得太漂亮、太可爱了。

蟹蛛肚子像个梭子,里面储存着大量的丝。它将肚子上下轻轻摆动,把丝拉向四周。它织着一只白色的丝袋,卵就产在袋子里。这个袋子一部分露在外面,一部分被树叶遮掩。袋口上还盖着一个又圆又扁的绒毛盖子。在屋顶的上部有一个用绒线张成的圆顶，里面还夹杂着一些凋谢了的花瓣。然后，再用弯曲的叶尖做成一个凹室，蟹蛛妈妈就住在里面。

产卵之后，蟹蛛妈妈比以前消瘦多了，差不多完全失去了以前的那种生气。它全神贯注地守着巢穴，一有风吹草动就会全身紧张，投入备战状态。它从巢穴走出来，挥着一条腿威吓来惊扰它的不速之客。它激动地做着手势，叫它们赶紧滚开，否则后果自负。它那狰狞的样子和激动的动作的确把那些或怀有恶意或无辜的外来者吓了一跳。把那些鬼鬼祟祟的家伙赶走以后，它才心满意足地回到自己的岗位上。

那么它又在那丝和花瓣做成的穹顶下做什么呢？原来它在舒展着身体来遮蔽宝贝的卵。此时它已经非常瘦小孱弱了，仿佛一阵风就能把它卷走。为了守护工作不受影响，它现在已不吃不睡，只是静静地坐在自己的卵上。

两三个星期后，蟹蛛妈妈日益消瘦，可它从未擅离职守。它似乎一直在等待什么，这等待使它苦苦地支撑着自己，用它的精神撑起早已没有活力的身体。后来我才知道它是在等它的孩子们出世，这个垂死的母亲还能为孩子们尽一点力。

蟹蛛的巢封闭得很严密，不会自动裂开，顶上的盖也不会自动升起，那么小蛛是怎么出来的呢？等小蛛孵出后我们会发现在盖的边缘有一个小洞。这个洞以前是没有的，显然是谁暗中帮助小蛛，为它们在盖子上咬了一个小孔，便于让它们钻出来。可是又是谁悄悄地在那儿开了一个洞呢？袋子的四壁又厚又粗，微弱的小蛛们自己是绝不能把它弄破的。

事实上，洞是它们那奄奄一息的母亲打开的。当它感觉到袋子里的小生命不耐烦地骚动的时候，它知道孩子们急于想出来，于是就用全身的力气在袋壁上咬开一个洞。母蛛为了等待这一时刻的到来，顽强地支撑了三个星期。这个任务完成之后，它便安然去世了。它死的时候胸前还紧紧抱着那已没有用处的巢，慢慢地缩成一具僵硬的尸体。

七月，小蟹蛛从卵里出来了。我知道它们有表演杂技的嗜好，所以我把一捆细树枝插在它们的笼上。果然，它们很快爬到树枝的顶端，又很快地用交叉的丝线织成互相交错的网，这便是它们的空中沙发。它们安静地在这沙发上休息了几天，后来它们就开始搭起吊桥来。

我把一束爬着许多小蛛的树枝拿到窗口的一张桌子上，然后把窗户打开。不久小蛛们便开始纺线做它们的飞行工具了，不过它们做得很慢，因为它们总是三心二意的，一会儿爬到树枝下面，一会儿又回到顶上，好像不知道自己要干什么，又不知道该怎么干。它们都急于要飞出去，可是就是没胆量。

大约上午十一点的时候，我把载着它们的树枝拿到窗栏上，让太阳照射到它们身体上。几分钟以后，太阳的光和热射入它们的身体后积聚起来，成为一个小发动机。小蛛们纷纷活跃起来。只见它们的动作越来越快，越来越敏捷，都一个劲地往树枝的顶上爬去,有三四只蟹蛛同时出发了,但向不同的方向各走各的路,其余的也纷纷爬到树枝顶上,后面拖着丝。

微风吹来,飘荡的丝断了。小蟹蛛被吊在"降落伞"上,被风带走了。我望着它们远去的背影,直到它们在我的视野里消失。它们越飞越远,闪着点点光亮,落在二十步以外的那片黑暗的柏树叶丛中。其余的小蛛也跟着飞出去,有些飞得很高,有些飞得很低。有的往这边,有的往那边,最终都找到了自己的安身立命之处。

阳光下,骤然发出耀眼光芒的小蛛如火焰般闪耀着。它们迟早都要降落,为了生活必须降落,常常落在很远的地方。降落时由于"降落伞"的保护,削弱了重力作用,可以避免摔伤。

它们后来的情况我就不得而知了。在还没有能力捕捉蜜蜂的时候,它们怎么捕食小虫子呢?又能抓到多少小飞虫呢?会采用什么方法呢?会在哪儿过冬呢?我都不知道。不过等到明年春天,我们又会见到它们了。那时它们已经长大并埋伏在花丛里,偷袭那些勤劳的蜜蜂了。

朗格多克蝎

···

一、巨蝎战士

这种蝎子沉默不语，也毫无有趣之处，却时常被披上神秘的面纱。它让世世代代的人们浮想联翩，竟然把它变成了黄道十二宫的标志之一。卢克莱修曾说过："恐惧造就神明。"人们正是由于对蝎子的恐惧而将其神话了。它竟然成为天上的一个星座，而且成为历书上十月的象征。

朗格多克蝎子生活在地中海沿岸各省，人们对它害怕有余却知之甚少。它们并不骚扰我们，而是躲得远远的，藏于荒僻处。

与常见的黑蝎相比，朗格多克蝎可谓是一个巨人，成蝎可长达九厘米。它的身体呈干麦秸的那种金黄色。它的尾巴——实际上也是它的肚腹——是五节相连的棱柱体，状如一个个相连的酒桶，相互间由桶底板连接，形成粗细相同、错落有致的棱状条条，好像一串珍珠。

同样的纹路还分布在那举着大钳的大小臂膀上，还有一些纹路弯弯曲曲地分布在脊背上，好似其护胸甲结合部的绲边，而且是扎花绲边。这些凸出的小颗粒透出了盔甲那粗野厚重的架势，这也是朗格多克蝎的性格特征，就好像它是用闪闪刀光砍削出来似的。

它的尾端还有一个第六节体，表面光滑，呈泡状，是制作并存储毒汁的小葫芦。蝎毒看上去像水一样，但毒性极强。毒腔终端是一个弯弯的螯针，颜色暗沉，尖利无比。针尖不远处有一个细小的孔，用放大镜隐约可见。毒汁就是从这细孔流出，渗进被尖头刺破的对方伤口的。螯针弯曲度很大，当尾巴平放伸直时，针尖是向下的。

要使用这件兵器时，蝎子就必须把它抬起来，反转过来，从下往上刺出去。这其实是它一成不变的攻击术。蝎尾反卷在背部，突然伸直，攻击被钳子夹住的对手。另外，蝎子平时几乎总是这种姿态，无论是在走动还是在歇息，尾巴都卷起，贴在背上。通常几乎不会见到它把尾巴平拖在地上。

蝎子攻击敌人时把尾巴高高翘起，露出有毒的螯针。蝎钳从口中伸出，宛如螯针的大钳子，既是战斗的武器，又是获取信息的器官。蝎子往上爬时,便将钳子前伸,钳上的双指张开着,以了解和对付所遇到的东西。如果必须刺杀对手的话,双钳便先镇住对方,把对方吓得动弹不了,然后螯针从背部伸出来攻击。最后,如果需要长时间地撕咬猎物的话,那对钳子便当作手来使用,把猎物抓送到嘴里。这双钳子却从未被当作行走、固定或挖掘的工具使用过。

二、蝎约黄昏后

四月里,当燕子归来、布谷鸟初鸣时,我实验室里的那些蝎子毫无预兆地掀起了一场革命,而此前它们一直是平静地生活着的。不少的蝎子跑出去了,而且一去不回。更为严重的是,在同一块砖头下面,我多次发现两只蝎子待在里面,其中一只正在吞吃另一只。这很值得警惕啊!被吃掉的,无一例外都是中等个头的蝎子。它们的体色更加金黄,肚腹稍小,是雄蝎。其他的蝎子体形要大,肚子滚圆,体色稍暗。这难道是婚俗的成规使然,在交尾后由女方残忍地把男方吃掉完事吗?

又一个春天来临了,我事先准备好了一个宽敞的玻璃笼子,放了二十五只蝎子,每只蝎子一片瓦。一月到四月中旬,每天晚上,夜幕降临后,七点到九点间,玻璃宫中便闹腾开来。白天还似乎是人烟稀少的荒漠,此刻却变成了熙熙攘攘的市集。刚吃完饭,我们全家便奔向玻璃笼子。挂在笼子前的提灯能让我们看到里面的全部情况。

靠近玻璃壁板的提灯照得不太亮的那个区域,很快便聚集了不少的蝎子。那些随处可见的孤独的散步者,在灯光的吸引下,也跑到柔和温馨的灯光下。这纷乱的场面犹如一场狂欢舞会,十分引人入胜。有些蝎子从老远处跑来,它们端庄严肃地从暗处爬出来, 突然像滑行似的迅疾而轻快地冲向亮处的蝎子群。它们相互寻找着,但指尖稍一接触便像是彼此都被烫着了似的赶紧逃走。另有一些与同伴稍稍抱滚在一起,又赶紧分开,茫然不知所措。它们在黑暗中定了定神,然后又回来。

笼子里不时出现非常混乱的场面:蝎子们的步足纠缠不清地踩来踩去,几只螯钳咬在一起,卷起的尾巴相互碰撞,也不知道是表示威胁还是亲昵。在混乱中,找到一个合适的视点,就可以发现一对对的小亮点,像红宝石似的在闪烁。人们以为那是闪闪发光的眼睛,实际上那是蝎子额前的两只复眼,像反光镜似的闪亮。所有的蝎子都参与了殴斗,不论是大的还是小的。这好像是一场殊死搏斗,一场大屠杀,又像是一场疯狂的嬉戏。不一会儿,大家四散开来,每一只蝎子都在向后退去,没有丝毫的伤痕。

有时会有一种极其新颖别致的打斗架势。两强相遇,头顶头,双钳回收,后身竖起,来个大倒立,以致胸脯上的八个呼吸小气囊全部展现。这时,它俩垂直竖立的尾巴相互磨蹭,上下滑动,而两个尾梢相互微微钩住,并多次反复地钩住,解开,再钩住,再解开。这两位摆出新颖别致的姿势意欲何为呢?是两个情敌在搏斗吗？看样子不是，因为二人相遇时并非怒目而视。随后的观察告诉我们：它们是在调情，为了表白自己的爱情，蝎子才倒立成一棵笔直的树。

它们走走停停，但始终这么绞在一起。它们漫无边际地游荡着，这让我想起了我们村镇，每个星期日晚祷之后，年轻人一对一对地手挽手、肩碰肩地沿着藩篱墙散步。它们常常掉转回头，每次总是雄蝎决定往哪个方向走。雄蝎没有松开对方的手，亲切地转个半圆，与雌蝎肩并着肩。这时候，雄蝎展开尾巴轻轻抚摸雌蝎片刻。雌蝎一动不动，不露声色。

最后，约莫晚上十点的时候，雄蝎选中一片瓦，爬到上面。它松开雌蝎的一只手，用松开的那只手扒一扒，用尾巴扫一扫。一个洞口张开了。雄蝎钻了进去，然后，缓缓地、温柔地把耐心等待的雌蝎拉进洞内。不一会儿，它们便不见了踪影。一块沙土把洞门封上了。这对情侣入了洞房。

这晚间的田园诗之后，便是夜间惨不忍睹的悲剧。第二天清晨，在头一天晚上的那片瓦屋内，雌蝎还在，但瘦小的雄蝎已被雌蝎吞食了一部分。它的头、一只钳子、一对爪子没有了。我把这具残尸放在瓦屋门口。整整一个白天，隐居的雌蝎没有动过它。夜色渐趋浓重时，雌蝎出来了，在门口遇上死者，便把尸体拖至远处，吃得干干净净。

这个同类相食的情况与去年我所看到的情景完全一致。当时，我随时都能发现一只胖乎乎的雌蝎在瓦块下面津津有味地像吃大餐似的把自己的夜间伴侣给吃掉。

昨晚我见到的这对情侣做事真是干净利落,我还看见有些情侣都转了好几圈了,仍在耳鬓厮磨、卿卿我我的。一些无法确定的环境因素,如气压、气温和个体激情的差异等,会大大加速或者延缓交尾高潮的到来。

这些日子里,蝎子们对我提供的美味不屑一顾。它们任由小蝗虫乱蹦乱跳、尺蛾以残翅拍打地面、蜻蜓在里面瑟瑟发抖,也不会想到去吃它们。它们有更重要的事情要忙。几乎所有的蝎子都在沿着玻璃墙行走,春天交配时节要求它们出游来寻找异性。

我终于等来了雄蝎邀请雌蝎散步的那一幕。在提灯最亮的地方,一对情侣已经相互确定下来。一只生龙活虎的雄蝎在蝎群中横冲直撞,一下子便看中了路过的雌蝎。而后者没有拒绝他的邀请,所以好事也就成了。它俩头碰头,钳子撑着地,尾巴在身后大幅摆动。然后,它们把尾巴竖直,互相钩住尾梢,温柔地相互抚摸。不一会儿,竖起的尾巴架就拆散了,而它们的钳指仍然紧紧钩着,没再翻其他花样,就上路了。它们牵手并肩走着。路上遇到其他的雄蝎,它们都好奇地,也许还包含着嫉妒地闪到一旁,看这对甜蜜的情侣走过。其中一只雄蝎猛地扑向那位被牵着的姑娘,用爪子箍紧它,试图拆散这对情侣。那雄蝎拼命抵抗那个竞争者的巨大拖拽力。它使劲儿地摇晃,拼命地拉拽,但都未奏效。它终于放弃了。但幸运的是,旁边就有只雌蝎等着。这一次，随便谈了几句，它便牵住这只雌蝎的手，要和它一起上路。可这雌蝎显然没有相中它，挣脱了它的手，逃之夭夭了。

那只雄蝎又在雌蝎中相中了一只，它采取了同样开门见山的方法。这只雌蝎答应了，但这并不代表它半路不会逃离这个雄性勾引者。雄蝎走到了明亮的地方，如果对方拒绝往前走，它就拼命地又摇又拉；如果对方温驯服帖，它就温文尔雅。它时常停下来休息，有时休息很长时间。这时雄蝎进行了一些奇怪的操练。它把双钳——更准确地说是双臂——收回，然后又伸直。它还强迫雌蝎也交替地做同样的动作。它俩不断地做这样的动作。这种训练结束后，它俩便头靠着头，两张嘴贴在一起，耳鬓厮磨。这种亲昵的举动就是我们的接吻和拥抱。但是我不敢这么说，因为它们没有头、脸、嘴唇和面颊。在应该是面颊的部位，它们长的却是一些丑陋的颌骨平板。

此时此刻却是蝎子最美好的时刻。它用自己那比其他爪子更敏感、更娇嫩的前爪轻拍着雌蝎的丑脸。在雄蝎眼里，那可是最甜美的面庞！它心痒难耐地轻轻咬着，用下颌搔弄对方那奇丑无比的嘴。这是温情与纯真的最高境界。据说鸽子发明了亲吻，可我却觉得蝎子远早于鸽子。

雌蝎任由雄蝎轻薄。它完全是被动的，心里却计划着要找个机会逃跑，可如何才能逃掉呢？这其实不难。雌蝎以尾作棒，朝着忘乎所以的雄蝎手腕猛然一击，后者立即松开了手。这猛

然一棒告诉我们，温驯的雌蝎也有自己的小性子，有时候说翻脸就翻脸。但第二天，等气消之后，好事又会开始。我们再来看一个例子。

这天晚上，一对"帅哥美女"正在散步。它俩非常中意一片瓦。于是雄蝎便松开一只钳子，只是松开一只。它用爪子和尾巴清扫入口。然后，它钻了进去。随着洞穴逐渐加宽加深，雌蝎也自愿跟了进去。不一会儿，它也许对住宅和时间不满意，又出现在洞口，半截身子退到了洞外，努力地想挣脱雄蝎。后者则在洞内拼命地往里拉雌蝎。一只在里面拼命拽，另一只在外面使劲儿拉，争斗十分激烈。双方有进有退，不分胜负。最后，雌蝎猛一用力，反把雄蝎给拽了出来。但这两只蝎子并没有分开，又开始散起步来。足足一个钟头里，它俩沿着玻璃罩边缘走来走去，最后又回到了刚才那片瓦前。洞穴已经打开，雄蝎立即钻了进去，然后便疯狂地拉拽雌蝎。后者身在洞外，奋力反抗。它挺直足爪，踩住地面，拱起尾巴，顶住屋门，就是不肯进去。我觉得它的反抗并不让人扫兴，如果没有前奏的铺垫，后来的交尾又有什么意思呢？但是后来，故伎重演，雌蝎进去了，又挣脱雄蝎夺门而出。而雄蝎只好落寞地独自回到瓦片下。

在灯下的一片光亮处，一对情侣正抓紧时间拿大顶。它俩用尾巴温情地撩拨一番，然后便继续向前。只有雄蝎采取主动——它用每把钳子的双指努力夹紧雌蝎与之对应的双指。只有雄蝎有放手的权利，雄蝎双钳一松，手就放开了，雌蝎则没有选择的权力。雌蝎是俘虏，勾引者已经为它戴上了拇指铐。

在一些比较罕见的情况中，我们还可以看得更清楚一些。我曾偶然看见雄蝎抓住美人儿的两只前臂往前拉拽。我还见过雄蝎抓住雌蝎的尾巴和一只后爪拼命生拉硬扯。雌蝎拼命推开雄蝎伸出的爪子，而生猛的雄蝎猛地把美人儿掀翻，顺势伸爪抓住对方。这是名副其实的劫持，是暴力拐带，就如同罗慕鲁斯王的部下抢掠萨宾女子一样。

三、母爱无边

在解决生活中的问题时求助于科学书籍往往会收益甚微。这时候要做的是孜孜不倦地与事实进行探讨，这比藏书丰富的书橱有用多了。很多情况下，无知反而更好。因为没有了先入为主的知识，脑子就可以自由思考，就不会陷入书本提供的绝境中去。我刚刚再一次体会到了这一点。

一篇出自大师之手的解剖学论文告诉我说，朗格多克蝎九月份繁衍后代。我苦苦地观察了三年，等得心灰意冷，还是没有看到我预想到的那个场景。环境正常，可我却莫名其妙地错失良机，白白浪费了时间，弄得我都想放弃对这个问题的研究了。唉！我要是没翻阅这篇论文该多好！至少在我们这儿，朗格多克蝎的繁殖期要大大地提前。不过，好在我没太受这篇论文的影响，否则，一直傻等到九月份，那就什么也看不到了。

我很少看书。与其用看书这种我力所不能及且又费时耗力的办法向别人讨教，倒不如坚持不懈地与自己的研究对象保持亲密接触，直到它们开口说话为止。无知反倒更好，探索也就更加自由。因为过于相信书本，我在九月之前没想过朗格多克蝎家庭会出现，可我却在七月里无意中发现了这个家庭。我把实际日期与预见的日期之间的这段差距看作是由气候差异造成的。

普通黑蝎子比朗格多克蝎个头儿小，且比后者安静。我一直把普通黑蝎养在一些小的大口瓶里，作为参照的蝎子放在工作室的桌子上。这些普通的瓶子不占地方，也便于观察。每天早晨，在开始记录之前，我总要掀起便于它们藏身的硬纸板，看看有没有新情况发生。如果把它们放在大玻璃笼子里就不利于观察。因为大玻璃笼子里有许多小格间，必须颇费周折才能逐一地进行检查，而且检查完之后再恢复原状很难。而用小的大口瓶放黑蝎，检查起来就容易多了。

有一天，我突然看到母蝎背着一群小蝎。那是七月二十二日清晨六点光景的事。在掀开硬纸板时，我竟发现一只黑蝎妈妈背上趴着一群小蝎，看上去仿佛背上披着一件白色"短披风"。我顿时感到一种温馨、甜蜜和满足。这种时刻是非常难得的。我有生以来第一次亲眼看见黑蝎妈妈背着自己小宝宝们的场面。黑蝎妈妈是刚分娩的，大概是前一天夜里的事，因为前一天白天它身上还是光溜溜的。

好事连连眷顾我。第二天,又有一只黑蝎妈妈披上了一件白色"短披风"。第三天,又有两只黑蝎妈妈同时披上白色"短披风"。一共是四只。有四个黑蝎家庭做伴,再加上几天颇为安静的日子,我感到生活如此美好。

当我一发现小的大口瓶中有了重大收获之后,我便立刻想到大玻璃笼子。我赶紧跑去查看我的朗格多克蝎。笼中的二十五片瓦都翻开来了。大丰收!话说我都一把老骨头了,但此刻却立即觉着硬化的血管里有二十岁年轻人的热流在涌动。在这些瓦片中的三块下面,我发现了蝎妈妈带着自己全家:有一只已经长大了,差不多有一个星期大了——这是我后来连续观察才搞明白的;另外两只是头一天的夜里刚出生的,这从蝎妈妈的大肚子下面还精心地保留着一些残留物就可以看得出来。我们等下要看看这些残留物是怎么一回事。

七月逝去之后,一切都结束了。可见,两种蝎子的生育期都在七月下旬。大玻璃笼子里面养的那些蝎子中,有一些母蝎已经同生过蝎宝宝的母蝎一样,肚皮鼓鼓的。我指望它们能再生一些小宝宝。然而,冬天来了,它们让我的希望落了空。看上去马上就要实现的事情却拖到了来年:这再次说明它们妊娠期的漫长。在低等生物中,这种情况是十分罕见的。

我把母蝎及其蝎宝宝移到能够仔细观察的狭小容器里。早晨我去查看时,发现头一天夜里分娩的那些蝎妈妈肚子下面又藏着一部分小宝宝。我用一根草尖把蝎妈妈拨开,在那堆尚未爬上母亲脊背的小宝宝中我发现了一些东西,彻底地否定了我从书本上学到的有关这一问题的知识。实际上蝎宝宝并非一生下来就是我们所熟知的那个样子。如果小宝宝伸着钳子,张开爪子,翘起尾巴,它又怎么能够通过母蝎狭窄的通道呢?所以它出生时必须紧裹着,少占空间才行。

母蝎肚子下的残留物确实是一些卵。蝎子实际上是卵生的,只不过孵化得很快。母蝎一产下卵来,小宝宝便破卵而出了。小宝宝紧缩成米粒状,以节省空间,这样才可以顺顺当当地滑出来。它额头黑色的小点是它的眼睛。小宝宝悬浮于一滴透明的液体中,外面由一层精巧的薄膜包裹着。蝎妈妈用大颚尖小心翼翼地挑起卵的薄膜,把它撕破、扯下,然后把薄膜吞下。蝎妈妈在给小宝宝剥胎衣时分外小心,犹如温柔慈爱地舔食胎衣的母羊和母猫。尽管工具很粗糙,但宝宝那细皮嫩肉上没有任何伤痕,更没伤筋动骨。

我简直是惊呆了:蝎子是最先把近乎人类的母爱给予自己的孩子的。在远古时代,当第一只蝎子出现时,那份养育儿女的爱心就已经在酝酿之中了。生命的孵化已不在事物危险重重的外部或内部进行,而是在母体的腰间腹下完成。生命的进化并非是循序渐进的,也并非从低级到高级,再从高级到最高级。进化是跳跃式的,有时在进步,有时却是在倒退。

如果母羊不想方设法用嘴唇把胎衣剥下并吞食,羊羔就永远无法从胎盘中出来。同样,蝎宝宝也需要母亲的帮助。我就看见过一些蝎宝宝被黏膜粘住,在已经撕破的卵囊中拼命地扭来扭去,怎么都出不来。这时,必须有母亲的帮助才能让宝宝彻底解放。如果你认为宝宝在解放的过程中也起着作用,那就错了。宝宝娇弱无力,虽然它出生的袋子像洋葱片内壁的皮膜一样细薄,但它就是无力挣脱。雏鸡喙尖上有一个临时的硬茧,供它破壳时啄壳用的。而蝎宝宝为了节省空间,使自己变成米粒状,只能死死地等待外援,一切都得由蝎妈妈去完成。蝎妈妈努力地完成着自己的工作,分娩中附带排出的东西也全部被它清理掉,甚至包括那些随之而出的未受孕的卵。

蝎宝宝现在被收拾得干干净净。它们通体雪白,朗格多克蝎长九毫米,黑蝎长四毫米。随着产后清洗完毕,蝎宝宝们一个接一个地往蝎妈妈背上爬去。蝎妈妈把双钳贴地,以利于宝宝们攀登。宝宝们一个个紧紧挨挤着聚在一起,它们凭借自己的小细爪子牢牢地攀附在妈妈背上。

如果我把一根麦秸移近蝎子一家,蝎妈妈会立即恶狠狠地竖起双钳。这种凶相只有在自卫时才显现出来。它竖起双臂作拳击状,钳子大张着,做出随时准备还击的样子。尾巴不能突然放平,否则会带动背脊,也许会把背上的小宝宝们甩下一些来。拳头竖起就足以威胁敌人了,那架势既勇猛又威武。

我对此十分好奇。我拨弄下来一个小宝宝,把它放到它妈妈面前。离开有一指宽的距离,蝎妈妈好像并不在意。掉下去几个小家伙有什么大惊小怪的,小家伙会自己想法摆脱困境的。

而掉下去的小蝎子则焦急地举手蹬腿。然后，它突然发现妈妈的一只钳子就在自己前面，于是迅速地爬了上去，回到了兄弟姐妹们的中间，回到了妈妈背上，但动作笨拙得要命，比狼蛛的孩子们差远了，后者一只只都是空中杂技的高手。

实验又开始了，这一次我拨弄下来好些小蝎子，小家伙们散落一地，但相距并不太远。它们迟疑不决了好一会儿。正当它们不知如何是好、转来转去的时候，蝎妈妈终于开始担心了。它用我称之为胳膊的两只钳式触角合抱成半圆，搂住自己面前的沙子，把迷途的孩子搂到自己的面前来。它干这种活儿时笨手笨脚，根本没考虑会不会把宝宝们给压碎了。母鸡轻轻一声召唤，跑开去的小鸡们就立即回到自己膝下；母蝎却是用耙子一耙，把孩子们给耙回面前来。但是小蝎子们居然全都安然无恙。它们一回到妈妈面前，便立即住它身上爬去，又聚集在妈妈的脊背上了。

即使不是自己的孩子，蝎妈妈也会像是对待亲生子女一样接纳它们。如果我用毛笔尖把一只蝎妈妈背上的蝎宝宝全部或部分地扫下来，弄到另一只蝎妈妈触手可及的地方，后者也会把它们耙到自己面前，如同对待自己的孩子似的，而且心甘情愿地让这些新来的小宝宝们爬到自己的背上去，好像把它们"收养"下来似的。

蝎宝宝们必须经历第二次出生，而这第二次出生是在母蝎背上完成的，一般长达一个星期。我在一块玻璃片上放上几只正在弃皮的小蝎子。它们一动不动地待着，好像颇受煎熬。它们外皮破裂，却没有特殊的破裂线，而是同时在左右前后破裂。足爪从护腿套中伸出，双钳抛开护手甲，尾巴抽出层鞘。浑身的碎皮同时纷纷落下，像一堆破衣烂衫。

之后，小蝎子有了蝎子的正常外貌。此外，它们的行动也灵活了。尽管仍旧苍白，但它们已蹦跳自如。这时，它们急忙下地，到蝎妈妈跟前跑动。最让人惊讶的是它们突然间就长大了。朗格多克蝎的小蝎子通常身长九毫米，可它们现在就已经有十四毫米长。黑蝎的小蝎身长由四毫米变成了六七毫米，身长增加了一半，体积增大了近两倍。

小蝎脱下的外皮是一些白色条状物，一些上了光似的碎布片。它们并不扔在地上，而是紧贴在蝎妈妈的背部，特别是附着在足爪根部附近，缠成一块柔软的毯子，刚弃皮的小蝎子就栖息其上。这种奇异的毯子是真正的攀登绳梯，方便小蝎们迅速上马。它很结实，不会破裂，差不多可以使用一个星期，直到小蝎脱离蝎妈妈的保护为止。

这时，小蝎肚腹和尾巴染上了金黄色，钳子呈半透明的琥珀色。小朗格多克蝎非常美丽动人。如果它们一直像现在这种样子的话，如果它们不是很快配备上咄咄逼人的毒刺的话，它们就会是大家都乐意喂养的稀罕宠物。它们心中很快便升起了摆脱母亲监护的强烈愿望。如果它们跑得太远，蝎妈妈会呵斥它们，用双臂在沙土上划拉，把它们聚拢起来。

小蝎子成熟和准备离开妈妈监护的这个时期持续一周,正好是不进食体积扩大两倍的时候。一窝小蝎子待在蝎妈妈背上半个来月。蝎妈妈的小宝宝们在获得新生与灵活的蜕变之后,要不要吃点什么呢? 蝎妈妈是否会邀请它们一起用餐呢? 它是不是给它们留着美食中最软嫩的部分呢? 事实上,蝎妈妈谁也不邀请,它什么也没留给孩子们。

我把一只蚱蜢给了蝎妈妈,因为我觉得它比较适合小蝎子们稚嫩的胃。母蝎独自大快朵颐,一点儿都没想到它的孩子们。一只小蝎子从它背上爬下来,伸头去四下探看,想弄明白妈妈在干什么。它用爪尖触及妈妈的下颌。突然,它吓得连忙后退,走开了,这绝对是明智之举。正在津津有味地咀嚼的妈妈根本不会给它留下一口的,也许反倒会一把抓住它,毫不心疼地把它吞下。

我也见过一些这样的情景:如果蝎妈妈给小宝宝们一点吃的,小宝宝们会很乐意接受的。然而,通常妈妈只顾自个儿吃,毫不顾及它的孩子们。

如果我了解你们适合吃什么样的小活食,如果我时间充裕的话,我会很高兴地继续喂养你们的,而不是把你们继续养在玻璃笼子下面,跟大人们混在一起。我了解那些老家伙,它们容不得别人,会把你们吃掉的,我的小宝宝们! 甚至你们的母亲们也不会放过你们。在它们眼里,你们会被视为陌路。婚俗季节,你们嫉妒成性的母亲们在完事之后,就会把你们吃掉的。该离开了,小宝宝们,三十六计,走为上计!

　　过了几天,我把它们送到野外去,那是一个石头很多的山坡,阳光充裕。在那儿,它们会找到一些伴儿。它们也刚刚开始成长,但已经在自己的小石块下独立生活了。在那里,它们会比在我家里更能学会如何为了生存而进行艰难的抗争。

强盗红蚂蚁

红蚂蚁,它们就像是捕猎奴隶的亚马逊人,不善于哺育儿女,不会寻找食物,即便食物就在身边也不会去拿。它们必须依靠仆人伺候吃饭,帮它们料理家务。它们偷取别人的孩子来伺候自己的家族,抢劫邻居的蛹到自己的蚁穴来。在蛹蜕皮后,可怜的孩子们就沦为红蚂蚁家中的仆人了。

炎炎夏季到来时,我常常看见这些"亚马逊人"从它们的营地出发,前去远征。远征的队伍长五六米,如果征程中没有遇到分散它们注意力的事情,它们就一直保持队形;一旦发现蚁穴,领头的蚂蚁便停下来,乱哄哄地围成一圈,而后面的其他蚂蚁便聚拢上来。一些侦察兵被派了出去,证实搞错了情况后,它们便恢复队形,又继续前进了。它们穿过园中小径,隐入青草丛中,不久又在稍远处出现,接着又钻入枯叶堆里,再大模大样地钻出来,就这样寻寻觅觅着前进。最后,它们终于发现了一个黑蚂蚁的窝。于是红蚂蚁急不可耐地钻入黑蚂蚁的蛹穴里去,很快就带着战利品出来了。此刻,在地下城市的门口,一场混战正在进行。黑蚂蚁为了保卫自己的财产奋力抵抗,却仍免不了被入侵者打败。红蚂蚁们纷纷用大颚咬住一只蛹,匆匆地打道回府了。在不了解奴隶制的读者眼中,这种亚马逊人的侵略故事也许是十分有趣的。但遗憾的是,我不想多谈这种事,因为这个故事同我要讲述的昆虫回巢的主题相差太远了。

这伙强盗运输蚁蛹的距离远近,取决于附近是否有黑蚂蚁。短的有十几步,长的有五十步,有时甚至有一百步或者更远。我只看到过一次红蚂蚁到花园以外的地方远征。这些强盗翻越花园四米高的围墙,一直爬到远处的麦田里去。它们对前行的道路并不挑剔。无论是不毛之地、芳草萋萋的草坪,还是枯枝败叶堆、乱石堆或杂草丛,它们都愿意穿越。无论道路多么艰险难行,都阻挡不了它们的脚步。其实,有时候为了减轻疲劳,它们可以挑选一条平坦的道路,而这条道路只偏离所行道路一点儿。可惜的是,它们根本没有看到这条路。

有一天,我看到它们又去远征,排着队走在池塘边上。前一天,我刚刚把塘里的两栖动物换成金鱼。此时,一阵剧烈的北风刮来,把好几排兵士刮到了水里,金鱼忙不迭地游来,张开大嘴将它们通通都吞下了肚。这直接导致它们还没有完成征程就死伤惨重。当时，我还心想，等它们回来时一定重新挑选一条道路。可事实上，凯旋的红蚂蚁仍然选择了这条路。金鱼坐收渔人之利，得到了双份：蚂蚁和蛹。

它们回来的时候必定要走曾经走过的道路，这应该是因为它们担心不走同样的道路，可能会迷路。据说蚂蚁是依靠嗅觉来辨明方向的，而这嗅觉就在它不停摆动的触角上。我却并不认同这种看法。此外，我也希望能够通过实验来证明我的想法。

在花了几个下午来观察红蚂蚁的行动而无果后，我找了我的小孙女露丝来帮忙。这个小调皮对于蚂蚁的事很感兴趣。她亲眼看过红蚂蚁和黑蚂蚁的混战，对于前者抢别人孩子的事陷入了沉思。这孩子脑子里充满了崇高职责，为自己小小年纪就能为科学做贡献感到十分自豪。所以，在天气晴朗的时候，她就在花园里寻找红蚂蚁的踪迹，并跟随它们的征程。她如此热情，使我对她非常放心。一天，我正在写日记，门口传来了她砰砰的敲门声：

"我是露丝，快来看啊，红蚂蚁进了黑蚂蚁的家。快来啊！"

"你看清楚它们走的路了吗？"

"看清了，我还做了记号呢。"

"是吗？怎么做的？"

"像小拇指那样，我把白色的小石子撒在红蚂蚁走过的路上。"

　　我跟着她去了。就像她说的那样,她在红蚂蚁走过的路上每隔一段撒下了一些小石子。整个征程大概有一百米。

　　我抄起一把大扫帚,把它们的路线扫得干干净净,扫出的宽度大约一米。我扫掉了路上的浮土,撒上别的粉状材料。这样就换掉了原先的气味,蚂蚁如果闻了肯定会晕头转向。我又把这条路分成彼此间相距几步之遥的四个路段。红蚂蚁们先来到第一个被切割开的地方。它们犹豫不决,很快乱了阵脚。队伍乱七八糟,大家都不知所措。后来,几只胆大的红蚂蚁冒险走上了被扫掉的那条路,其他的也赶紧跟上。所以,尽管我设置了障碍,红蚂蚁还是找到了原先的道路。这个实验似乎说明了红蚂蚁的嗅觉在起作用。凡是切割开的地方,它们都表现出同样的犹豫,但最终它们仍是按原路返回。我觉得可能是我扫得还不彻底,或者是受到扫到一旁的浮土气味的指引。因此,我还不能贸然下结论,下一步我决定把气味彻底消除干净。

　　几天后,我精心制订了计划。有一天,露丝跑来叫我,说是蚂蚁又出动了。这完全在我的意料之中。因为在闷热的六月,尤其是在暴风雨来临之前,红蚂蚁很喜欢集体出动,前去抢劫。这次,她还是用石子标明它们走过的道路。我接了一条水管来冲刷道路上的气味。一刻钟后,红蚂蚁凯旋。我放慢了水流的速度,以便蚂蚁通过时不会太费力。

　　这次,红蚂蚁犹豫了很久,最终还是决定涉水过去。它们利用裸露在水面上的小石子,冲进了水里,结果被水卷走,又冲回岸边。路上恰巧有几根秸秆和一些橄榄树的枯叶,所以部分蚂蚁依靠着它们,还有些仅凭着运气到达了彼岸。可见,它们并不是凭借着嗅觉来寻找道路,因为经过剧烈的冲刷,气味早已消除,而它们还是按原路返回。为了强化这一推断,在下一路段,我给地面铺上了新鲜的薄荷叶。红蚂蚁来到薄荷叶前,稍稍迟疑了下,就坦然踏了过去。现在,我可以确定一点,那就是它们绝对不是依靠嗅觉来指引道路的。

那么它们到底依靠什么来认路呢?下面还有两个圈套。第三段路,我把一些报纸平铺在地面上,周围用小石子压住。这就完全改变了地面的样子,而红蚂蚁在报纸面前犹豫了很久,远远超过面对湍流时犹豫的时间。它们做了各种尝试,一再地前进,后退,再前进,再后退。最后才铤而走险,踏上了未知之途。最后一个障碍是用一层薄薄的黄沙覆盖了浅灰色的地表。红蚂蚁在面对黄沙地时同面对报纸时一样犹豫不决,但不久,它们又成功地穿越了障碍。

经过后两个实验,我有一个重要发现,就是它们是通过视觉来辨别方向的。它们每一次面对障碍的犹疑,都是在试图了解究竟是什么发生了改变。它们依靠的是视觉,虽然非常近视,只要一条纸带、一层薄荷叶、一层黄沙,甚至更加细微的一些变化,都会让返程的蚂蚁犹豫起来。它们反复尝试,直到有几只蚂蚁认出前面的道路,而后其他蚂蚁也就跟随它们前进。

但是,仅仅靠着视力是远远不够的,它们重返家园还要依靠自己超强的记忆力。昆虫对自己到过一次的地方记得非常清楚。我曾经多次发现，如果某一个黑蚂蚁的蛹特别多，一次不能搬完，红蚂蚁会一连多次光顾，而且每次路线都不会有太大偏差。这种记忆力使得红蚂蚁对那一地点的印象保持到第二天、第三天，甚至更久，指引着它们下一次还可以走同一条道路。

但是，如果红蚂蚁到了一个完全陌生的地方呢？此时，它们就傻眼了。在一次红蚂蚁凯旋时，我用一片枯叶放在一只红蚂蚁面前，它爬上了叶子。我把它放到离大部队只有两三步远的地方，而这就足以让它晕头转向。它被放到地上后，东冲西突，就是无法找到回去的路。这个"黑奴贩子"就这样一直寻找着，半小时过去了，它却离正确的道路越来越远，而嘴里却还叼着蛹不放。它后来怎样？它还要这蛹来做什么？我失去了耐心，没有继续跟踪这个贪婪的强盗。

这种膜翅目昆虫显然没有其他同类昆虫所有的方向感。它们只不过是能记住所到之处而已。只要让它们偏离正确的道路两三步远，就足以使它们找不到回家的路。

黄　蜂

一、智取蜂巢

　　九月是一个观察昆虫的绝好季节。一天，我带着儿子去野外观察黄蜂。一路上，我被浓浓的秋意打动，双眼贪婪地攫取沿途的美景。幸好有小保罗陪在身边，他的眼力很好，再加上注意力不像我这样分散，这才使得观察得以顺利进行。

　　忽然，小保罗指着不远的地方，冲着我喊了起来："看！一个黄蜂的巢。就在那边，一个黄蜂的巢，好清楚啊！"果然，在大约二十码以外的地方，出现了一种运动得非常快的东西，一个一个地从地面上飞跃起来，立即迅速地飞去，好像那些草丛里面隐蔽着小小的即将爆发的火山口,马上要将它们一个个喷出来一般。

我们小心谨慎地靠近那儿,生怕一不小心,惊动了这些可怕的家伙,引起它们对我们的攻击,那样的话,后果可是不堪设想的。在这些小动物们的住所的门边,有一个仅有拇指大小的圆孔。黄蜂从这里进进出出异常繁忙。我本想再靠近点儿观察,但一想到黄蜂那暴躁的性格和残忍的报复手段,就不禁倒吸了口凉气。如果我们太靠近蜂巢,肯定会惨遭黄蜂群的袭击。最好还是在路边做好标记,认清这个地方,等到夜间蜇蜂全部回巢之后再做处理吧。如果不认真准备,稍有疏忽,取蜂巢的工作就会风险重重,不知要付出多大代价。因此,经过多次实验,我准备了几样自认为最可行又简单的工具:半瓶汽油、一根约二十三厘米长的芦苇秆和一团揉制好的黏土。但是,你能想到这些工具是干什么用的吗?我们要采用窒息的办法来取蜂巢,也就是先把汽油倒进蜂巢,然后用黏土堵住蜂巢出口。等到巢里的蜜蜂被熏晕后再取蜂巢。这种方法虽不仁慈,却比较安全,否则我们的皮肤可要遭殃了。

那么,为什么要选择汽油呢?因为它便宜,而且不像其他二硫化碳药剂那么刺激。怎样将汽油倒进蜂洞呢?蜂巢穴的出入孔道大约有二十五厘米长,而且差不多和地面是平行的,一直通到地底下的窠巢。如果把汽油直接倒入通道,汽油很快就会被沿途的泥土吸走,根本无法抵达目的地——蜂房。空芦管可以阻止这一不幸事件的发生。把这根空芦管插进差不多二十五厘米长的隧道里面的时候,就形成了一根自动引水管。于是汽油就可以顺着导管流入穴中,一点儿也不会漏掉,而且,速度还很快。然后,我们再用一块事先捏好的黏土,像瓶塞子一样,塞住出入的孔道口,断绝这些黄蜂的后路。

当我们准备做这项工作的时候,正是晚上九点。小保罗和我一起出去。我们只带了一盏灯,还有一篮子需要用到的工具。当时,远远的还可以听见农家的狗还在互相吠叫着,猫头鹰在橄榄树的高枝上叫着,蟋蟀在浓密的草丛中不停地奏着动听的音乐。小保罗和我则在谈论着昆虫。他热切而好奇地向我提出很多问题。为了不让他失望,我将我所知道的一切告诉了他。这样一个快乐的猎取黄蜂的夜晚,让我们忘记了失去睡眠和可能被黄蜂攻击时的痛苦。

将芦管插入土穴中是一件非常精巧的工作,需要一些技巧。因为孔道的方向是无从知晓的,需要颇费一番猜疑和试探。而且有时候,黄蜂保卫室里的门卫会突然警觉地飞出来,毫不客气地攻击正在进行这项工作而且没有防备的人的手掌。为了防止这种不幸事情的发生,我们让其中一个人在一旁守卫,时刻警惕着,并用手帕不停地驱赶着进攻的敌人。这样一来,即使最后有一个人的手上不幸被命中,隆起了一块,即便很疼,也不算一个很大的代价。

在汽油流入穴中以后,我们便听到地下传来的众蜂惊人的喧哗声。然后,很快地,我们用湿泥将洞口封起来,用脚踩实,从而使它们无路可逃。现在,没有什么其他的事可以做了。于是,我和小保罗就回去睡觉了。

第二天清晨,我们带了一把锄头和一把铁铲,又回到了老地方。早一点儿去比较好些,因为可能有很多黄蜂夜里是在外面游荡的,它们有可能在我们挖土的时候飞回来,这就糟糕了,因为这对我们又将是一种威胁。另外,清晨的冷气,可以多少削弱一些它们的凶恶和威风。

芦管依然还插在洞穴里。我和小保罗挖了一条壕沟,宽度刚好能容下我俩,行动很方便。于是,我们从沟道的两边开始挖,很小心地一片一片地铲。后来,挖了差不多有五十五厘米深,蜂巢便露出来了。它完好地吊在土穴的屋脊当中,一点儿也没有被损坏,这真让我们感到高兴。

这真是一个壮观华丽的建筑啊!它简直像一个大南瓜。除去顶上的一部分以外,四面都是悬空的,顶上生长有很多的根,其中多数是茅草根,穿透了很深的"墙壁"进入墙内,和蜂巢连在一起,非常坚实。如果那地方的土地是软的,它的形状就成圆形,各部分都会同样地坚固。如果那地方的土地是沙砾的,那黄蜂掘凿时就会遇到一定的阻碍,蜂巢的形状就会随之有所变化,至少不会那么整齐。

在低巢和地下室的旁边,常常留有手掌宽的一块空隙,这是宽阔的街道。这些建筑者,在这里可以行动自由,继续不停地进行它们各自的工作,用它们自己的双手,使它们的窠巢更大更坚固。通向外面的那条孔道,也通向这里。在蜂巢的下面,还有一块更大一些的空隙,其形状是圆的,就如同一个大圆盆,在蜂巢扩建新房时,可以增大其体积。这个空穴,还有另外一个用途,那就是盛废弃物品的垃圾箱。看来这里的基本设施还是较为齐全的。

这个地穴是黄蜂们自己用双手亲自挖掘出来的。关于这一点,是用不着怀疑的。因为如此之大、如此整齐的洞穴,在自然界没有现成的。当初,第一个开辟这个巢的黄蜂,也许是利用了鼹鼠所做的洞穴,加以借用,以图开始创建的便利。可是,筑巢的绝大部分工作都是黄蜂亲自操作的。然而,事实上,并没有一些挖出的泥土堆积在蜂巢的大门之外。那么,黄蜂们挖出的泥土被搬运到哪里去了呢?答案是:它们已经被弃撒在不引人注意的广阔的野外去了。有成千上万的黄蜂参与挖掘这个壮丽的建筑物,必要的时候,还要将它扩大。这千百万只黄蜂,飞到外面的时候,每一个身上都附带着一粒土屑,抛撒在离巢很远的地方。因此,挖出的泥土的痕迹一点儿也看不到了。

黄蜂筑巢的材质是一种轻薄而有韧性的灰色纸,纸浆的原料是不同木材的碎片。因此,灰纸上的条纹颜色随树木的不同而呈现出不同的色彩。中型蜂深知空气垫保温御寒的道理。它的蜂巢用纸张层层包裹,纸张间的空隙充满了不流动的空气。黄蜂虽不懂研究热力学,却会用不同的方法达到同样的效果:它们用纸浆造出许多大鳞片,把这些鳞片疏松地排列起来叠成几层,织成一张厚实、通气且富有弹性的巢毯。这张巢毯足以使巢内炎热如热带。

生性凶猛好斗的大黄蜂也崇尚这种热力学保暖原理。它们家重重叠叠的弧形墙壁间填着层层空气软垫。它们可以利用空气——这个不良导体来保持它们家里的温度。它们早在人类还未曾想到做毛毯之前就已经做出来了,而且技艺还很高。它们在建筑窠巢的外墙时,只要极小的外围,就足以造出很多的房间。它们的小房间也同样如此,其面积与材料都非常经济。

然而,尽管这些建筑家们如此心灵手巧,但是,令我们感到奇怪的是,它们在最小的困难面前却束手无策。黄蜂碰巧将自己的房子安置在我家花园的路旁边,于是,我便可以利用一个玻璃罩来做试验了。在野外,我则无法利用这种器具,因为乡下的小孩子们很快就会把它打破。有一天晚上,天已经黑了,黄蜂也已经回家了。我弄平了泥土,放上一个玻璃罩罩住黄蜂的洞口。第二天早晨,黄蜂们会习惯性地开始工作。当它们发觉自己的飞行受到阻止时,它们是否能够在玻璃罩的边下挖掘出另外一条道路呢?是不是这些能够掘出广阔洞穴的昆虫知道只要挖掘一条很短的地道,便可以让它们重获自由呢?这便是我们问题的关键所在了。那么,结果如何呢?

第二天,当清晨的阳光笼罩着玻璃罩时,黄蜂开始成群结队地从地下涌出,急着赶早出去觅食。它们猛烈地撞击着玻璃罩壁,倒下了又重新爬起。一些厌倦了这种徘徊,落在地上,急躁地爬来爬去,最后只得无奈地回到蜂巢里。随着阳光不断增强,玻璃罩内的温度持续升高,黄蜂们陆续撤回蜂巢。居然没有一只黄蜂想到在玻璃罩壁下打开新通道。看来,它们的智力有限。

那些在野外过夜的黄蜂,归来后先是围着玻璃罩打转。最后,经过多次犹豫,终于有一只黄蜂开始沿着玻璃罩边缘挖掘通道了。很快,其他几只蜂也接着干了起来。不一会儿,一条通道打通了,黄蜂们蜂拥而入。等到外面的黄蜂全都进去之后,我用泥土重新堵住这个新通道口。假设从里面能够看出这条狭窄的通道,当然可以帮助罩内的黄蜂轻而易举地逃走。我很愿意让这些囚徒通过自己的观察和努力争得自由的光荣,享受阳光沐浴的欢乐。

无论黄蜂的理解能力是如何差劲,我想它们的逃脱,现在应该是可能的了。那些刚刚进去的黄蜂当然会指引一下路径,它们会指导其他的黄蜂向玻璃罩下边挖,以便尽快地逃离牢笼。

然而,事实却并不那么乐观。我非常失望,可爱的黄蜂们居然没有一点儿要从经验上仿效学习的意图。在那个玻璃罩里,一点儿没有要继续挖掘出逃之路——地道的迹象。这些小昆虫们只是依旧团团乱飞,毫无计划,毫无目的,盲目地乱碰乱撞,挤作一团,不知究竟发生了什么意外。每天都有很多可怜的黄蜂死于饥饿和炎热。一个星期以后,很遗憾,没有一只黄蜂能够侥幸存活下来,全军覆没了。一堆死尸铺在地面上,情状尤为惨烈。

　　从野外返回的黄蜂们可以另辟蹊径,毫不费力地回到自己的家中,其原因是,从泥土外面可以嗅知它们的家,并去寻找它。这是黄蜂自然本能想方设法投入家的怀抱的一种表现,或者说是它们的一种防御方法。这是不需要任何思想和解释的。自从小小的黄蜂初次降临到这个世界上的时候开始,地面上的一切阻碍,对于每一个黄蜂而言,都已经很熟悉了。

　　但是,对于那些不幸被罩在玻璃罩里的黄蜂,就没有这种本能来帮助它们逃离险境了。它们的目的是明确的、单一的。它们想到阳光里面去,到野外去觅食。它们被罩在玻璃罩里,在这个透明的牢狱中,能够看到日光,它们便被蒙骗了,以为自己的目的已经完全达到。虽然它们几经努力,一往无前,继续不断地和玻璃罩相抗衡、相碰撞,心中抱有无限希望,想朝着日光,飞得再远一点儿,以便能觅到急需的食物,可是事实上那是无用的。在它们以往的经历中,没有任何经验和实践指导它们遇到这种情况时,应该如何行事。于是它们走投无路,别无选择,只能盲目地固守着它们生来就惯有的习性,这就使得生还的希望越来越小,而逐渐将自己推向死亡的道路。

　　这种愚蠢的例子使我想起有关野火鸡的故事:猎人用一些玉米粒儿做诱饵把火鸡引到一条短地道里去。地道通往一个柳条编的笼子中央。当火鸡吃饱准备离开时,尽管笼子中央那条路还是通往野外,但是对于野火鸡来说,进去的路就是出去的路这个道理显然是太高深了。它压根儿就不知道怎样出去。更何况整个通道一片漆黑，倒是柳条筐里依稀可见透过的阳光，它就以为筐里就是野外呢，所以就不停地在筐里打转，直到猎人来收拾它。

二、蜂宝宝的甜蜜生活

我们掀开蜂巢，便可以看到里面隐藏有许多的蜂房，那好几层的小房间，上下排列着，中间用稳固坚实的柱子紧密连在一起，层数是不一定的。在一定季节的后期，大概是十层，或者是更多一些。各个小房间的口都是向下的。在这个种类看起来很奇怪的小世界里，幼蜂无论是睡觉还是吃东西，都是倒挂着的。

这一层一层的蜂房，有广大的空间把它们分隔开。在外壳与蜂房之间，有一条门路与各个部分是相通的。经常有许多的守护者进进出出，负责照顾蜂巢中的幼虫。在外壳的一边，矗立着这个丰富多彩的都市的大门，一个没有经过什么过多装饰的裂口，隐藏在被包着的薄鳞片中。对着这扇大门的就是那通到外面的大千世界的隧道的进出口。

在黄蜂的社会中，生活着数量众多的工蜂。它们的全部生命完全都投入到不辞劳苦的工作之中。它们的主要职责就是，当人口不断增加的时候，就不停地扩建蜂巢，以便新的公民居住。尽管它们并没有自己的幼虫，可它们呵护巢内的幼虫，却是无微不至的。

为了能观察到它们的工作状况，以及快到冬天的时候它们会有什么事情发生，十月份时，我把少许巢的小片放在盖子下面，里面居住着很多的卵和幼虫，并且还有一百多只工蜂在细心地看护着它们。

为了便于观察，我将蜂房分隔开来，让小房间的口朝着上面，然后并排放着。这样颠倒的排列，看起来似乎并没有使我的这些囚徒们烦恼，它们很快地就从被打扰的情形下适应过来，恢复了原来的空间状态，重新开始忙碌并辛勤地工作，似乎从来没有异常情况发生过一样。

事实上，它们当然需要再建筑一点东西。所以，我便选择了一块软木头送给它们，并且用蜂蜜来喂养它们，满足它们的需要。我用一个拿铁丝盖着的大泥锅来代替隐藏蜂巢的土穴，再盖上一个可以移动的纸板做的圆顶形的东西，使得内部相当黑暗。当然，当我需要亮一些时就把它移开。

黄蜂继续进行它们自己的日常工作，就好像从来没有受到过任何的干扰一样。工蜂们一面照料着蜂宝宝，一面照顾好它们自己的房子。它们一起努力加油，开始慢慢地筑起一道新的铜墙铁壁。这墙壁围绕着它们最封闭的蜂房。看起来，它们似乎是打算重新再建筑一个新的外壳，来代替那个被我用铁铲毁坏了的旧外壳。但是，这些工蜂们并不是简单地修修补补，它们是从被我破坏了的那个地方开始它们的工作。它们很快就筑成了一个弧形的纸鳞片似的房顶，然后，用它遮盖住大约三分之一的蜂房。如果这个小蜂巢不曾遭到我破坏的话，那么这些工蜂们搭建起的这个屋顶足可以连接到外壳呢。它们亲手做成的一个房顶,还不够大,只能遮盖住整个小房间的一部分而已。

至于我事先为它们精心准备好的那块软木头,它们连碰都不曾碰一下。或许这种新型材料,对于黄蜂而言,用起来很不方便,它们宁愿放弃它,而继续选用那已经废弃的旧巢,这样更加方便,而且更加得心应手一些。因为在这些旧的小巢内,不必辛辛苦苦地重新制作纤维,因为它们是已经做好了的,方便实用。而且,它们也不用浪费很多的唾液,只需相当少的唾液,再用它们的大腮咀嚼几下,然后便形成了上等质地的糨糊,这可是相当好的建筑材料。

下一步,它们一起把不居住的小房间统统毁得粉碎。然后,利用这些碎物,做成一种似天篷一样的东西。如果有必要的话,它们也会再次利用同样的方法,筑造出新的小房间。

与它们齐心协力筑造屋顶的工作相比,更加有趣味的要算是喂养幼虫了。刚才还是一个个粗暴刚强的战士,这会儿就摇身一变,成了温柔体贴的小保姆。看到这些,谁也不会感到厌倦和反感。充满了战斗气息的军营一下子变成了温馨的育婴室,真是妙趣横生啊!

喂养娇弱的小宝宝可是需要相当的耐心的。假如我们只将注意力集中到一只正在忙碌工作的黄蜂身上,我们就可以清楚地观察到,在它的嗉囊里,充满了蜜汁。它喂食的样子特别有意思:它停在一个小房间的前面,把它的头慢慢地伸到洞口里面去,然后再用它的触须的尖儿去轻轻地碰一碰里面的一个小幼虫。那个小宝宝慢慢地醒了过来,似乎看到了那只黄蜂递送进来的触须,于是向它微微地张开小嘴。它的样子,特别像一只刚刚出生不久、羽毛尚未丰满的小鸟,正在向着刚刚辛辛苦苦为它觅食而归的妈妈伸出小嘴,急切地索要食物一般。

不一会儿,这个刚刚从梦中苏醒过来的小宝宝,将它的小脑袋摇来摆去的,渴望着能够马上探索到它急切需要得到的食物,这可以算是它的天性了。然而它又是盲目地探寻着,一次次试探着外面的黄蜂为它提供的食物。可以想象小宝宝的急切心情,终于两张小嘴接触到了。一滴浆汁从小保姆的嘴里流出来,流进了那个被看护者的小嘴里。仅仅这一点点就足够一个小宝宝享用了。现在,该轮到第二个黄蜂宝宝进食了。于是,这个小保姆又马不停蹄地跑到别处去,继续履行它神圣的职责。

小宝宝们通过口对口地交接食物后,享受到大部分的蜜汁。但是,进食并没有完全告终。因为,在喂食的时候,幼虫的胸部会暂时膨胀起来,其作用就如同一块围嘴或餐巾纸一样,从嘴里流出来的东西全都滴落在它上面。这样等保姆走后,小宝宝们就会在自己的颈根上舔来舔去,吮吸着滴在胸部的蜜汁,尽情地享受着美味的食物,不浪费一点儿食物。大部分的蜜汁咽下之后,幼虫胸部的鼓胀便会自然而然地消失掉。然后,幼虫会稍微往蜂巢里缩进去一点,继续回到它的香甜梦乡里。

当黄蜂在我的笼子里喂养小宝宝时,小幼虫们的头是朝上的，从它们的小嘴里遗漏出来的东西，自然会滴落在它们的围嘴上面。至于在蜂巢里喂养它们的时候，它们的小脑袋则是朝下的。但是，我认为在这样头向下的位置上，小幼虫的"围嘴"仍能发挥作用，而且，功效是一样的。这是因为幼虫在蜂巢中时，它的头不是直的，而是略微有一点弯度的。因此，它们嘴里溢出来的蜜汁很可能是堆积在那块小小的围嘴上，而且，溢出的蜜汁是非常黏稠的，很快就会粘在围嘴上。与此同时，细心的小保姆就是再放下一部分食品在这个地方，也是有可能的。所以，无论小幼虫的头是朝下的还是朝上的。无论那块围嘴是在嘴的上边，还是在嘴的下边，这都不会阻碍围嘴充分发挥它的作用。其主要原因是这种食品非常有黏性，可以牢牢地附着在围嘴上。因而可以说，这块小小的围嘴简直就是一个又方便又及时的小碟子，它可以减少喂食工作的困难，避免许多不必要的麻烦，为我们的小保姆们提供方便，使得它们又省力又省时。而且，它还可以使得小幼虫们能够舒适地享用它们的美味佳肴。还有一个好处，那就是不致让小宝宝们吃得太饱，因撑坏了小肚皮而夭折。

如果是在野外，置身于大自然中，每当一年快要结束时，也是果品数量非常少的时候，有些青黄不接。在这种情况下，大多数的小保姆会挑选其他的食物来继续喂养小幼虫。它们大多选择苍蝇，先将它们一一切碎，然后再喂给小幼虫们食用。但是，在我为它们制作的笼子中，一概不选择其他的东西作为幼虫的食品，我只为它们提供充足的有营养的蜜汁。

吃了这些蜜汁以后，所有的看护者和被看护者似乎都变得精力旺盛起来。而且，一旦有什么不速之客突然闯进蜂房里，进行袭击侵略，那么它们将很不幸地立刻被处以死刑。当客人因受到群攻而牺牲后，其尸首便会马上被众蜂拖到蜂巢以外，抛弃在下面的垃圾堆里。显然，黄蜂分明是一种不好客的生灵，从不厚待宾客，更不允许其他动物随意侵扰自己的家园。

但是，黄蜂似乎不会轻易地动用它那有毒的短剑来攻击其他的动物，还是比较手下留情的。我把一只锯蝇的幼虫抛到黄蜂群里面。对于这条绿黑色的小龙一样的侵入者，黄蜂们表示出很大的兴趣，它们一定是感到很奇怪。接下来，它们便向它发起进攻，把它弄伤，但是并不利用它们带毒的针去刺伤它。然后众蜂齐用力，要把它拖出巢去。与此同时，这个小客人也不服输，不断进行抵抗，用它的钩子钩住蜂房。有时利用它的前足，有时利用它的后足。然而，最终它还是因为伤势太重，被有力的黄蜂拉了出来，扔到垃圾堆上。驱赶这样一条并无什么力气的可怜虫，黄蜂们也并不轻松，足足耗费了两个小时呢！

与此相反，我放入一只相对硕大的幼虫在蜂巢里面，结果就不同了。五六只黄蜂会立刻拥上来，纷纷用有毒的针去刺它的身体。不一会儿，这只较强壮有力的幼虫便一命呜呼了。但是，黄蜂们很难把这具笨重的尸体搬运到巢外去。所以，黄蜂们便选择了其他的方法，比如吃掉它，或者，至少要设法使它的体

重有所减轻。因此，它们便一直吃它，直到剩下的那部分可以被拖动为止。然后，它们还是要把它拖到外面去，扔掉。

三、死亡的宿命

我笼子里的小幼虫们一天一天茁壮成长着，黄蜂的家族日益兴旺起来。不过，蜂巢里也有一些非常柔弱的小幼虫早早地夭折了。在充满野蛮气息的黄蜂社会里，久病者仅仅是一个毫无用处的垃圾而已，越早拖出去越好，否则的话，就有蔓延传染的可能。对于黄蜂而言，那将是很可怕的事情。但是这还不是最坏的可能。因为，随着冬天渐渐来临，黄蜂们大都已经预感到它们将来的命运。它们深知，末日就在眼前了。

十一月的寒夜，蜂巢的内部起了变化。大搞基础建设的热情逐渐衰退了。整个家庭，所有黄蜂全都逐渐地放任自流了。深深的惆怅牢牢占据了那些小保姆的心灵，它们从前的那份工作热情也不见了，最终竟转化为厌恶。它们知道，再过不久的时间，一切就将变成不可能了。那么，小保姆还有什么存在价值吗？在看护蜂的心中，答案是否定的。于是，饥饿的时候来临了。噩运降临到小幼虫的头上，它们悲惨而孤独地死去。

接下来便是一场凶残的大屠杀行动。黄蜂们残忍地咬住了小幼虫颈项的后面，然后粗暴地把它们一只只从小房间里拖出来，拉到蜂巢的外面去，抛到外面土穴底下的垃圾堆里，其情景简直是惨不忍睹！至于那些小卵，则会被工蜂们撕扯开来吃掉。

工蜂老了！然而，母蜂是蜂巢中最迟生出来的，它们既年轻又强壮，所以，当严冬威胁到它们时，它们还仍有能力来抵挡一阵。至于那些末日已经临近的，很容易地就能从它们的外表的病态上分辨出来。在它们的背上，是有尘土沾附着的。在它们尚健壮、还年轻的时候，它们一旦发现有尘土附着在身上，就会不停地拂拭，把它们黑色、黄色相间的外衣清洁得十分光亮。然而，当它们有病时，也就无心注意卫生清洁了，因为这已不再重要了，也没有任何意义了。这种对装束的不在意，就是一种不祥的征兆。过了两三天，这些身上带有尘土的动物，便最后一次离开自己的巢穴。它们跑出来，主要是打算再最后一次享受温暖的日光。

忽然，它们跑到外面，跌倒下来，仰卧着，落在土穴下面的坑里，从此再也没有爬起来。它们尽量避免自己死在它所热爱和生存的巢里。这是因为，在黄蜂中，有一种不成文的规定，那就是巢里要保持绝对的干净整洁。这个生命即将结束的黄蜂，要自行安排它自己的葬礼。

我的笼子一天天地空起来了。虽然这个屋子仍然是暖和的，而且里面还有很多的蜜汁。但是，到了圣诞节的时候，仅仅剩下了十来只的雌蜂。到一月六日，剩下来的黄蜂也全都死掉了。

那么，这种死亡是从哪里来的呢？我们不应该归罪于因禁，即便是在野外，也会发生同样的事情。在十二月末的时候，我曾到野外去观察过很多的蜂巢，都发生过同样的情况。大量数目的黄蜂都要死去，这并不是因为碰到了什么意外情况，也并不是因为疾病的纠缠，或是因为某种气候的影响，而是由于一种不可逃脱的命运。这和鼓舞着它们生活下去的力量是一样有力的。不过，它们这样的生命对于我们人类倒是很有好处的。一只母黄蜂可以创造出一个拥有三万居民的城市。假如全体黄蜂都存活下来，那么这将是一场多么大的灾难啊！

到了后期，蜂巢自己会毁灭的。一种将来会变成蛾子的毛虫，一种赤色的小甲虫，还有一种身着鳞状的金丝绒外衣的小幼虫，它们都有可能攻击甚至毁掉蜂巢。它们会利用锋利的牙齿，咬碎一层层小巢的地板，使得整个蜂巢内的所有住房全部崩塌毁坏。最后，剩下来的只有几把尘土和几片棕色的纸片。

来年春天，黄蜂们便又可以发挥大自然在建筑房屋方面赋予它们的高度的灵性和悟性，建造起属于它们自己的新家园。它们将一切从零开始，继续繁衍后代，喂养小宝宝，抵御外来的侵略，为蜂巢内部的快乐生活贡献自己的一份力量。

螳　螂

. . . .

一、圣甲虫推粪球记

做窝筑巢和维护家庭是昆虫最崇高的本能之一。在这一方面做得最好的是膜翅目昆虫，它们身上凝聚着最纯粹的母爱。它们将自己所有的才能都倾注于为自己的子孙后代谋福利。它们是具有种种天赋的能手，有的是棉织品和许多絮状物品的编织能手，有的是制作细叶片篓筐的能工巧匠，有的是泥瓦匠，有的是陶瓷行家……总之，它们涉足于各行各业。

对于很多的昆虫，母爱一般来说都很淡漠，它们大多都是把卵产在合适的地方就不管了，而幼虫孵出时可能要面临饥饿和天敌的威胁，这就远远不在它们的考虑范畴内了。

对子孙后代关怀备至的膜翅目昆虫常常令我们赞叹不已。而在母爱方面可以与蜂类相媲美的昆虫，竟然是这样一种昆虫——它们就是以垃圾为对象、以净化被牲畜污染的草地为己任的食粪虫类。各种食粪虫虽然成天与粪便打交道，但却享有一种美誉。它们一般身材小巧，穿戴庄重且非常光鲜，胖乎乎的，呈短壮体形，额头和胸廓上都佩戴着奇异的装饰物。

一堆牛粪上，好一个忙碌的场面啊！天气还不太热，数百只食粪虫乱糟糟地爬来爬去，有的在表面搜刮，有的在粪堆深处挖掘，有的在下层开凿，立即把财宝埋进地里。那些小个儿的则在一旁，捡拾其身强力壮的合作者掉下的渣渣屑屑。方圆一公里粪香四溢，所有的食粪虫都匆匆奔来，抢夺这些美味。

那个生怕到得太晚而向着粪堆一溜小跑的是谁？它长长的爪子笨拙地倒腾着，红棕色的触角张着。它拼命地赶来，途中还撞倒了几位食客。这浑身黝黑、虎背熊腰的家伙就是大名鼎鼎的食粪虫——圣甲虫。古埃及人对它推崇备至，把它视为长生不老的象征。它现在已经入席，正用那巨大的前爪轻轻拍打着粪球，进行最后一道程序的加工。然后它转身离开，回家安安心心地享用自己的劳动成果去了。现在，就让我们来看看那闻名遐迩的粪球是怎么制造出来的。

圣甲虫头部边缘有个宽大扁平的帽子，上面有六个细尖齿，排成一个半圆形。这就是它的挖掘和切割工具，可以用来撬起和抛撒无养分的植物纤维，把好东西聚积在一起，食物挑选就是这样进行的。因为这些精细的行家对食物的好赖分得清清楚楚。如果它们是为自己觅食，那么大致挑选一下就可以了。但如果是为了自己的孩子，那它们则会一丝不苟地严格挑选。

为解决自己的食物问题，圣甲虫并不挑剔，粗略地选一选就行了。它们用带齿的头盔拱一拱、挑一挑，去除不需要的，然后把其他的聚拢一下就得了。它们的前腿是扁平的，弯成弓形，上面分布着粗壮的纹脉，外侧则配备着五个硬齿。假如圣甲虫需要用力地推开障碍物，在粪堆中的最厚实的部分清出一条道来，它们便用肘力，也就是说用其带齿的前腿左扫右拨，然后用力地一耙，便清出一个半圆形的空地来。清好场地之后，它们的前腿还有另一项工作，就是将耙到的东西聚拢到一起，收到自己腹部下的四只爪子中。这后面的四只爪子天生就是用来做旋转工作的。尤其是最后的那一对爪子，又细又长，微微弯成弓形，顶端长有锋利的尖爪，看上去便像个球形圆规，可以加工球形。实际上，它们就是靠这些对粪团进行加工的。

食物一耙一耙地被它们耙到肚腹下面的四条腿中间。后腿再稍一用力，就按腿部曲线把粪球的雏形给挤压好了。接着，粪球不时地被四条后腿摇动、挤压，逐渐变小变实，再在腹下转动，通过旋转不断完善其形状。如果粪球表面太硬，就会有剥落的危险；如果某一部分纤维太多导致无法旋转的话，前腿就对不合适的地方进行再加工。

烈日当空，圣甲虫在这样的情况下仍然坚持紧张的工作，不由让人肃然起敬。它们的工作进展可谓是神速。刚刚还是一粒小粪丸，现在已经是核桃般大小的粪团了，再过一会儿就变成苹果般大小了。我曾见过一些贪吃的家伙造出拳头般大小的粪球，这肯定足够它吃上好几天了。

食物做好了，接下来就要把它运到合适的地方去。此时，它表现出最令人惊奇的习性。它用两条细长的后腿环抱住粪球，将后腿尖尖利爪插入球体中去，当作旋转轴，以中间的两条腿作为支撑，以前腿带护臂甲的齿足作为杠杆，双足轮流着按压、弓身、低头、翘臀，头朝下脚朝上地运送粪球。后腿是这部分机器的主要部件，它们不停地运作，一来一回，变换着足爪，以调整轴心，让负载物保持平衡，并在其一左一右地交替推动下，把粪球往前滚动。这样，粪球表面各点都轮流地接触地面，不停地碾压，使之形状更加完美，而球面硬度也逐渐趋于一致。

圣甲虫并不总是独自搬运珍贵的粪球，它经常喜欢给自己找个拍档。准确地说，是另一只主动加入了进来。那么这是否是异性间的一种合作呢，是否是一对圣甲虫为成家立业而一起忙碌呢？我曾经以为是这样。两只圣甲虫，一前一后，满怀激情地一起推着那沉重的粪球。这让我想起了从前有人拉着手风琴唱歌的样子：为了布置家什，咱们还能怎么办呢？——咱们一起推酒桶，你在前来我在后。而解剖之后，我则放弃了这种恩爱夫妻的想象。圣甲虫从外表上看不出雌雄，所以我把两只一起推

粪球的圣甲虫拿来解剖,结果发现它们往往是同性的。

它们的洞穴挖在松土地上,通常在沙地里。洞不深,有拳头大小,上面有一条与外界相通的地道,地道大小正好让粪球通过。粮食一入地窖,圣甲虫便躲在家里,用藏在角落里的杂物堵住地窖入口。大门关上后,外面根本看不出就在这下面有个宴会厅。宴会厅里一切都准备好了!天花板挡住了炙热的阳光,只有一丝温和湿润的热气透进来,环境幽暗,餐桌上摆满了丰盛的佳肴,外面蟋蟀的合唱声阵阵,这一切都使它胃口大开。

谁会去影响别人的大好食欲啊?可我就干过。挖开地窖,我看到只是一个粪球就几乎把宴会厅塞得水泄不通,丰盛的食物放在地板上,直抵天花板。一条狭小的通道把食物和墙壁隔开。宾客就在这里用餐,最多两位,通常是一位,肚子就贴在餐桌上,背顶着墙。它们只需选好座位坐下,就可以敞开肚皮吃了,也不挑挑拣拣地浪费食物。看到它们如此虔诚地围着粪球在吃,你甚至还会以为它们是意识到了自己在完成净化大地的工作呢!

二、伟大的西班牙蜣螂妈妈

这种甲虫长相十分奇特,它们的前胸截成一个很陡的斜坡,角高高地竖在头上,怪怪的样子很惹眼。它身子矮胖,又圆又厚,行动迟缓,爪子短小,一点小小的动静就缩回肚子下装死,根本无法与滚粪球工那细长的爪子相提并论。只要看看它那五短三粗的样子,就知道它肯定不喜欢推着粪球到处跑。

事实上,它确实喜静。一旦收集到了充足的食物,黄昏或者夜晚时,它就在粪堆下挖洞。它挖的洞比较粗糙,不过倒是很大,足够容纳一个大苹果。经过它的几下扒拉,粪堆就成了它的屋顶。它一抱一抱地把粪料运进洞。无论多大体积的食物都能放到洞里,这也足见它是多么贪吃了。只要宝贝食物还没吃完,它就在家里蹲着,直到饭尽粮绝才会结束这种隐居生活。于是,它晚间又开始寻觅、收获、挖洞,另建一个新的住所。

有了这种无须事先准备就可以吞食垃圾的本领,它根本用不着去了解揉捏粪球的技术。五六月份,它的产卵期到了。西班牙蜣螂早已习惯用最肮脏的粪料填饱自己的肚子。但是这回它要考虑子女问题了,这下它可犯了难。像圣甲虫一样,此时,它也必须弄到绵羊软软的排泄物做成一个软面包,而且这个软面包必须营养丰富。

它开始为它的家族的繁衍而忙碌。只要它在一个地方找到自己认为是最好的食物,它立刻就把它们埋在地下。而这个洞穴,会比它自己的临时洞穴挖掘得更宽大一些,而且建筑也一改往常的粗制滥造,竟然精细多了。为了方便观察,我就将它放到我的昆虫室里。

起初,这只可怜的昆虫因为被俘而有些胆怯。等到它做好了洞穴以后,它的胆子也就逐渐壮起来。一夜之间,它就将我提供的食物全部储存起来了。一周快要过去的时候,我掘起昆虫室中的泥土。这时，它储存食物的洞穴便显现出来了。这是一个很大的厅堂，也是一个容量很大的仓库。它的屋顶并不很整齐，四壁也普普通通，地板差不多是平坦的。这个昆虫地宫的墙壁，曾经被很仔细地压过，还被精心地装饰过，所以在我挖掘时它都没有坍塌。它使尽浑身解数来做一个坚固耐用的家。

我想，当它建造这个大型建筑的时候，它的丈夫，或者是它的伴侣一定会前来相助的。因为我常常看见它和它的丈夫一同待在洞穴里。我也相信这个帮手会使它的妻子更加勤快。因为夫妻二人同做一件事情、同干一件工作，自然要快得多，至少比一个人干事要快很多。但是等到屋子里储备满了，足够它生活以后，它的丈夫也就离开了。这位丈夫就回到地面上来，另寻安身之地了。雄蜣螂在这个家里的职责完成了，接下来就得由蜣螂妈妈独自去完成母亲的职责了。

那么，我在储存着许多食物的地宫中看到了什么呢？是一大堆堆叠在一起的小颗粒吗？不。我只看到一个很大的"圆面包"，除了留一条窄小的过道外，几乎塞满了整个地宫。这么大的"圆面包"没有固定的形状，有的样子像鸡蛋，有的像普通的洋葱头，有的是几乎完整的圆形，就像荷兰的那种圆形硬酪，有的是上部微微有点凸起的圆形。无论是哪一种形状，其表面都很光滑，呈现出平滑的曲线。

蜣螂妈妈不辞劳苦，一次一次地带去很多材料，收集在一起并搓成一个大团。它捣碎这些小堆，将它们合在一起，并把它们糅合起来，再踩踏它们。我好几次都见到它趴在这个巨大的球顶上。当然，这个球要比圣甲虫做的那个大得多。它有时也在1厘米宽的凸面上徘徊。它敲打着这个大面包，使它变得坚固而且平坦。我只能偷偷地看到这滑稽的场面，因为它一见到我，就立刻顺着弯弯的斜坡滑下来，藏匿到面包下面。

我用一个硬纸盒盖住玻璃瓶，把蜣螂放在玻璃瓶里，在这里我就可以时时观察它了。我到瓶边观察时，常常看到蜣螂妈妈立在食物块上，敲敲这儿，拍拍那儿，抹平那些凸出的地方，尽量使其光滑。可见面包并不是因为滚动而光滑，而是蜣螂妈妈精心地敲打而成的。约莫过了一个星期，它用头部锋利的边缘及前爪的利齿，从大块上划开圆形的裂口，随意割下小小的一块来。在做这次工作的时候，它毫不犹豫，也不改做一下。它从不在这里加上一点，或那里去掉一点。只要一次切割，它就得到适当的一块面包了。

接下来就要加工这个小面团了。它用短短的爪子尽量抱住这个面团，那样子看上去特别搞笑。它认真地在面团上爬上爬下，上下左右地滚动。经过二十四小时以上的工作，那凹凸不平的面团变成了梨子般大小的球形。在它狭小的操作室里，这位又矮又胖的艺术家竟然几乎待在原地就完成了工作。经过相当长的时间之后，它竟然做成了球形，这看来太不可思议了。它轻轻地用爪子摩擦圆球的表面，经过很长时间的打磨才得到它满意的样子。然后，它爬到圆顶上面，慢慢地压出一个浅浅的穴来。它就在这个盆样的穴里产下一个卵。然后，它小心翼翼地把这个盒子的边缘合拢起来，以遮盖它产下的那个卵，再把边缘挤向顶上，使之显得微微尖细且突出。到最后，这个球就被它做成椭圆形的了。

接着继续开始第二个小块的工作，方法完全相同。然后是第三个、第四个。它的洞穴中藏着三四个蛋形的球，一个挨着一个，尖的一端朝上。长期的工作以后，我以为它也会像圣甲虫一样，跑出去觅食来补充体力。但它却没有。这位伟大的母亲，一动不动地守着自己的孩子。事实上，它从钻入地下以后，就没有进过食。它像所有伟大的母亲一样无私。它宁愿自己挨饿，也要守护它的孩子们。幸福且忙碌的母亲从这一个跑到那一个上，再从那一个跑到另一个上，看看它们，听听它们，唯恐它们有什么闪失。只要有细微的破裂，它立刻就会跑过去，赶紧修补一下，唯恐空气会透进去使它们干掉。有时它实在困了，也会在旁边打个盹。但时间不会太长，决不会高枕无忧地呼呼睡上一大觉。而每个粪球里，它的孩子们都在里面大快朵颐。直到九月份的头几场秋雨过后，它们才爬到外面来。此时，新生儿们已经完全成形了。在地下，蜣螂妈妈高兴地看到子女们长大了，这是昆虫界里少有的天伦之乐。妈妈和孩子们一起离开地洞，到地面上来感受这秋高气爽的季节。外面，太阳暖洋洋的，路上遍地都是美食。

三、粪金龟和公共卫生

食粪虫以成虫的形态完成一年的轮回。在来年春季的欢乐节日里，子女们围在膝前，共享天伦之乐，这在昆虫的世界里是极少出现的。我们所熟知的蜜蜂，一旦装满了蜜罐也就随即死去；美丽的蝴蝶，当它把成团的卵固定好时也随即离开人间；披着铠甲的步甲虫，它在把自己的后代撒放在乱石下之后，随即也就命归黄泉了。食粪虫尽享天年，成了长寿的元老。因为它所做的贡献，所以它也无愧得此殊荣。

公共卫生的要求很高，要在最短的时间内把所有腐烂的东西清除干净，连巴黎这样的大都市至今都尚未解决那可怕的垃圾问题，而这恐怕势必要影响到它的生存或发展。在大城市无法解决的问题，一个小小的村庄却无须操心费力就给解决了。食粪虫在这方面发挥了巨大的作用。在保护我们免受垃圾之苦的卫士当中，粪金龟声名最为显赫。

我们先看看它们到底有多大的本事。笼中一共有十二只粪金龟，我要估计一下每只每次能埋多少东西。傍晚，我把刚在我家门前拉了一摊的骡子粪便送给它们处理。第二天，那摊骡粪全被埋于地下了，地上几乎一点也不剩了。因此，我大概可以估算出：每只粪金龟一晚上储藏了差不多一立方分米的粪料。真让人难以置信，它们瘦瘦小小的，要挖洞，还要把收集的战利品运到地下，真是神速啊！

已经储备了这么多的食物，它们是不是会守着宝藏安安静静地待在地下呢？事实上并非如此。不管食物多么丰富，粪金龟都会在黄昏时分离开它已经收集到的食物，开始新的发现之旅。对它们来说，已经得到的并不算什么，只有尚未得到的东西才是有价值的。它们是狂热的埋粪工，尽管储存的食物已经远远超出了它们的消费需求，但它们还要不停地收集。从我笼子里喂养的粪金龟来看，它们掩埋的本能远远超过其作为消费者的食欲。土壤的净化得以实现，很大程度上与这支劳动大军的贡献是分不开的！

此外，植物以及因植物的连锁反应而连带的一大批生物也得益于这种掩埋工作。粪金龟埋到地下并于第二天抛弃的那些东西并未丢失，也没有丧失其利用价值。世界的结算中什么也不会丢失的，粪金龟埋起来的小块软粪便将会作为肥料，使周围的一簇禾本植物枝繁叶茂。一只绵羊经过这里，吃掉了这丛青草。羊长大后，人也就有了美味羊腿可以享受了。粪金龟的辛勤劳动给我们带来了美味的肉块。

九十月份，当秋雨浸透土壤时，粪金龟开始建造自己的房子。如果单纯是为了挖一个避难所来防寒的话，粪金龟是名副其实的挖土工。在井的深度、工程的完美程度和速度方面，没有谁可以与之相提并论。在沙土地和不难挖掘的土地上，我曾发现一些坑洞，洞深竟达一米，有的甚至还更深。但是给子孙建造住宅就是另一码事了。

这住宅建造得很简陋,在产卵期内,是没有足够的时间给每只卵都配备一个精美的地宫的。它得在四五个星期的时间内给众多的子女提供食物和住所,因此就没有充足的时间去挖地宫。它们提供的这种简陋的住处也就三十厘米左右深,形状就像一节香肠,长度不超过二十厘米。总体形状几乎都是不规则的,有时弯弯曲曲,有时又有些凹凸不平。石头地的高低起伏导致了这种不完美的产生。粪金龟是直线和垂直的挖掘工,因而无法总是按照自己的艺术标准去进行挖掘。香肠底部是圆的,如同地洞底部一样,这圆圆的底部就是孵化室。孵化室的侧壁很薄,很容易透进空气。卵就睡在这个圆圆的小窝里,与四周无任何接触。卵是白色的,是加长的椭圆形。与成虫的个头相比,卵的体积已经足够大了。一两个星期之后,卵就会孵化,但直到来年近九月的时候,它们才会加入田野清洁队。

萤火虫

· ·

　　炎炎夏夜，在青草丛间，你一定见过它飞舞的身影，就像是圆月上坠落的一颗火星。即便你没有亲见，对它的名字也不会陌生。古希腊人叫它"朗皮里斯"，意为"屁股上挂灯笼者"，生动形象。

　　萤火虫有栗色的身体，粉红色的胸部，身体每一节的边缘都点缀着红色的斑点。它有着略显坚韧的外皮，还有六只用来进行碎步小跑的脚。雌萤火虫终生都无法享受飞行的乐趣，一直保持着幼虫的形态；雄虫到了发育完全时就像真正的甲虫那样长着鞘翅，而在没有进行交尾的成熟期前，它们的形态也并不完整。下面就让我们先来看看它发光的原理。

一、为你，点一盏灯

雌萤火虫的发光器长在它们腹部的最后三节，分为两大部分：一是身体最后一节的前面两个体节的宽带，另一个是身体最后一节上的两个新月状的小点。这两条宽带只有发育成熟的雌虫才有，而且这是它们身体上最亮的部分。雌虫刚刚孵化到成熟之前的那一阶段，只有尾部的发光小点儿。最终，它们拥有了绚烂多彩的灯光，却没有可以飞翔的翅膀。而雄虫却拥有鞘翅和翅膀。同雌虫一样，它们儿时在尾部也有一个发光的小亮点。无论是雌虫还是雄虫，在它们成长的全部阶段，尾部的小灯都能发光。微蓝的白光透过它们的腹部和背部发射出来，而那两条宽带只有雌虫才有。

为了清楚萤火虫发光器官的构造，我求助于解剖技术。我将它们体内的一根发光带分离出来。在显微镜下，我发现在光带上有一层细腻的白色涂层，这些应该就是光化物质。紧靠着这层涂料，有根奇怪的气管，主干粗短，上面有许多细枝，它们延展到发光层上，有的甚至深入体内。

它们的发光器是与呼吸器官相关联的，发光是氧化的结果。我们知道，世界上有些物质接触到空气中的氧气后，便会发出亮光，有时还会燃烧，形成火焰。这些物质，被人们称作"可燃物"，而产生光和火的这种作用则被称作"氧化作用"。经过种种实验，我发现萤火虫的灯就是这种氧化的结果，当它们的发光层与空气直接接触时,它们便慢慢氧化发光。在含有空气的水中,它们发出的亮光与其在空气中同样明亮。而那个黏稠的白色涂层,就是氧化作用的产物。

萤火虫还可以自如地调节自己的亮度,自己决定是增亮、减弱还是熄灭。就像我们通过调节油灯灯芯与空气的接触程度来改变其亮度的原理一样,萤火虫通过调节接触的空气流量来变换自身灯光的强弱。

雌萤火虫通过尾部的灯光吸引异性。它们腹部下面的灯朝着地面发光,而依照这种情形,雄虫又是怎样发现它们的伴侣的呢?雌虫自有它们解决的妙招。夜幕降临时,它们不再安静地待着,而是在草丛上方剧烈地摇摆着身体,屁股忽左忽右,把灯光发散出去,这样,觅偶的雄虫经过时,就可以发现正在向它发出信号的灯。而雄虫也有相应的器官,在远处就可以看到雌虫发出的最微弱的光。

当雄虫和雌虫确定对方就是自己要寻找的伴侣时,它们就开始为集中精力致力于创造爱情的结晶而暗淡了灯火,只留尾部的一盏小灯静静亮着。交配过后就进入产卵期,萤火虫的卵在雌虫的肚子里就是发光的。有一次,我不小心捏碎了一只雌虫,这只雌虫肚子里装满了已经成熟的卵,因为卵被用力挤出卵巢,所以有闪着白光的液体流出来。

萤火虫的感情似乎十分淡漠,雌虫产卵后就弃她的孩子们于不顾了。产卵过后,萤火虫很快就孵化了。幼虫无论雌雄,

尾部都有一盏小灯。可以说这盏灯从它们的生命之初就伴随着它们，直至它们离开这个世界。天气开始转凉时，它们浅浅地钻入地下，最多只有十一厘米处。严冬，我曾挖出几只幼虫，发现它们的小灯还亮着。快四月时，幼虫才钻出地表，继续它们的成长。

二、与你，分一杯羹

接下来，我要介绍的是萤火虫的捕食情况。萤火虫看上去弱小且无害，它们尾部发出的白色且平静的光给人们带来许多美好的想象。它们照亮自己，也照亮了别人的梦。而事实上，它们并不是那样温文尔雅，相反，它们是残酷的猎人，是手段恶毒的食肉动物。它们捕食的对象往往是蜗牛。这一点，昆虫学家早有研究，但是我觉得了解的深度还远远不够，有必要展开进一步的研究。

萤火虫的捕食对象往往是比樱桃还小的蜗牛，也就是变形蜗牛。夏季，这些蜗牛像水滴般附着在稻麦的秸秆或者其他植物干枯的茎秆上，它们在整个夏日都蛰伏在那儿静静地做沉思状，这就为萤火虫提供了极大便利。萤火虫像蜘蛛一样，在吃猎物之前先给它们注射一剂麻醉药，使它们丧失知觉，然后再饱饱地美餐一顿。

我在一个大的玻璃瓶里放好草、几只萤火虫和蜗牛，接下来就等待萤火虫来捕食了。我耐心地等待着，这时萤火虫先探查了一下变形蜗牛,接着便打开它的捕食工具。在放大镜下,我看到所谓的工具是两片钩状的颚,纤细如发丝,却锋利无比。在显微镜里,我发现弯钩上有一道细细的槽,这就是它的捕食工具了。萤火虫用它的工具反复轻叩蜗牛的外膜,看上去如同亲吻而非恶毒的蜇咬。孩子们相互闹着玩时,喜欢用两个指头轻轻捏住对方的皮肤,我们过去将这个动作叫作"扭"。"扭"这个动作较为温柔,不同于用力地拧。所以这里,我们说萤火虫扭着蜗牛。萤火虫不慌不忙地扭着蜗牛,每扭一次,都要休息一下,至多扭上六次就可以制服蜗牛。毫无疑问,它已经利用弯钩将毒液注入蜗牛体内了。

为了检验这种蜇咬的结果,我把蜗牛从萤火虫嘴里抢出来。我用细针去刺蜗牛,它毫无反应,已经全然就像一具毫无生气的尸体了。更让我确信萤火虫毒液的巨大效力的是,我看到一些蜗牛正在爬行,萤火虫袭击了它们完全裸露出的部分身体。此时,蜗牛焦躁地颤动了几下,便静止了下来。它的触角软塌塌地垂了下来,不再爬行,之后便一直保持着这种姿势。蜗牛死了吗?当然没有。两三天后,我给它们洗了一次澡。又过了两天,那只被蜇晕的蜗牛醒了过来,恢复了知觉,又可以自由活动了。我把这种状态称作麻醉状态。

那么,像蜗牛这样平和无害的昆虫,为什么萤火虫还要用麻醉来对付它们呢?原因不难理解,因为坚硬的外壳是蜗牛天然的避难所,稍有动静,它们便会缩回自己的壳中。所以,萤火虫必须对蜗牛不经意裸露的柔软身体进行突然的深度麻醉，一招致命。麻醉过后，就是享受猎物的大好时光了。萤火虫又是怎样进食的呢？通过观察，我发现，它们并没有吃，而是在喝。萤火虫嘴里的弯钩除了用来注射麻醉毒液外，还注射把蜗牛肉变成流质液体的毒汁。吃蜗牛的过程更像是一场宴会：当一只萤火虫麻醉完蜗牛后，宾客们便陆陆续续地到来，同主人一起饱餐起来。在它们饕餮了两天满意地离开后，我把蜗牛壳口朝下翻转过来，这时蜗牛肉羹就从壳里流了出来。

萤火虫饱餐过后，蜗牛的壳便空了，但是仅靠一点儿黏液附着在玻璃瓶上的壳并没有掉下来，甚至连位置也没有发生变化。可见，萤火虫注入麻醉剂时是多么狠且准，而它们进餐时利用工具进行吮吸又是多么巧妙。

萤火虫在远古时候就已经掌握了麻醉技术，用毒液来麻痹对方的神经中枢，而人类却到了现代才掌握这门技术，并运用到外科手术中去。在小小的昆虫身上，我们人类要学习和探索的还有很多很多。

绿　蝇

· ·

　　我曾经有过一个愿望:那就是希望我家的附近有一个池塘。这个池塘能避开冒失的路人,周围要长着灯芯草,水面上漂着浮萍、荷叶。闲暇的时候,我可以坐在杨柳树下,思考着那水中的生活。那是一种原始的生活,比我们现在的生活更单纯,在温情和野蛮之中带着淳朴。

　　我可以对软体动物的天堂进行观察,可以欣赏鼓甲嬉戏、尺椿划水、龙虱跳水和仰泳椿的顶风航行。仰泳椿仰着挥动长桨划水,两条短短的腿收在胸前,等着猎物出现。我可以研究扁卷螺产卵,在它那模糊不清的溶液中凝聚着生命之火,就像朦胧的星云中聚集着的恒星那样。我可以欣赏新生命在蛋壳里旋转,勾画出螺纹,那也就是未来哪个贝壳的轮廓。如果扁卷螺略懂一些几何学,也许它就能勾画出犹如地球绕着太阳运转的轨道来。

经常到池塘边游览可以产生很多想法,可是命运却做了另一种安排,池塘成了泡影。我试着用四块玻璃建造人工池塘,可是心有余而力不足,这个水族馆没能建成。

春天,当美国山楂树开花,蟋蟀齐鸣时,第二个愿望在我的脑海里闪现着。我在路上碰上一只死鼹鼠和一条被石块砸死的蛇,两者均死于人为。鼹鼠正在掘土,消灭害虫,农民的铁锹挖到了它,将它拦腰斩死,然后扔在一旁。蛇被四周的融融暖意唤醒,来到阳光下,脱下旧装,换上一层新皮。有人发现了它,说道:"啊,可恶的家伙,我要为民除害。"于是,这条无辜的蛇,这条在保护庄稼、消灭害虫的蛇就一命呜呼了。

两具尸体已经腐烂发臭了。谁经过那儿,都像没有看见,转身便走开了。观察家停下来,从脚边捡起两具死尸,瞧了瞧,有一群活物在正面爬来爬去,这些有着旺盛生命力的虫子正在噬咬着尸体。我把它们放回原处,让殡葬工去继续处理吧,它们能非常圆满地完成任务。

了解那些清除腐尸的清洁工的习俗,看着它们忙忙碌碌地分解尸体,仔细地观察它们将死亡物质迅速地加工后收进生命的宝库,这个愿望长久以来一直在我的脑海里萦绕。我遗憾地离开了鼹鼠,瞥了一眼那具尸体和它的开发者们。我该走了,这里臭烘烘的,不是高谈阔论的地方,否则,那些路人会怎么想啊!

如果我让读者身临其境，他们又会怎样想呢？关注这些下流的啃噬者，难道会玷污我们的双眼吗？请别这么想。我们的好奇心所牵挂的主要事情，一个是起始，一个是终结。物质是如何积聚，获得生命的？当生命终止时又是如何分解的？如果有个池塘，那些带着光滑螺纹的扁卷螺就可以给第一个问题提供资料了；那只略微发臭、还不十分令人恶心的鼹鼠，将回答我们的第二个问题，它会向我们展示熔炉的功能，一切都在熔炉里熔化，重新开始。

我现在可以实现我的第二个愿望了。我有安静的小院作为场地。没有人会来打扰我，笑话我，我的研究也不会得罪任何人。到目前为止一切都挺顺利，但还是有点儿麻烦。虽然我已经摆脱了路人，但我还得担心我的那些猫，它们经常闲逛，要是我的观察物被发现，准会被叼得七零八落。预计到它们的破坏行为，我建造了空中作坊，只有那些专营腐烂物者才能飞到那儿。

我把三根芦苇绑在一起，做成三脚架，安放在院子里的不同地点。每个支架上都吊着一个离地面一人高、盛满细沙的罐子。罐子底部钻了一个小孔，如果下雨，水可以从小孔流掉。我把动物尸体放在罐子里，游蛇、蜥蜴、蟾蜍是必选物，它们的皮肤上没有毛，便于我监视入侵者的举动；毛皮动物、禽类和爬行动物、两栖类也交替使用。邻居的孩子在两分硬币的诱惑下，成了我的供应商。春夏季节，他们常得意扬扬地跑到我家来，有时用棍子挑着一条蛇，有时用包菜叶包着一条蜥蜴。他们给我送来了用捕鼠器捕到的家鼠,渴死的小鸡,被园丁打死的鼹鼠,被车轧死的小猫和被青草毒死的兔子。买卖双方都很满意,以前村子里从不曾有过这样的交易,将来也不会有。

四月过去了,罐子里的动物增加得很快。第一个来访者是蚂蚁。为了让这些不速之客离远点儿,我把罐子吊得高高的。可蚂蚁在嘲笑我的良苦用心。一具死尸放进罐子里还不到两小时,仍然新鲜,闻不到什么味儿,它们就来了。贪婪的敛财者顺着三脚架的支脚爬进去,并开始解剖。如果这块肉合它们的胃口,它们就会在沙罐里住下来,在那儿挖一个临时蚁穴,以便更逍遥自在地开发丰富的食物。

这个季节蚂蚁始终是最忙的。蚂蚁的嗅觉比谁都灵敏,它在臭气开始散发之前就赶来了。它总是第一个发现死动物,最后一个撤离。这个流浪汉离得那么远,它怎么就知道在那看不见的高处有一罐好吃的东西呢?而那些真正的肢解尸体者则要等到尸体腐烂,靠强烈的臭气来接到通知。

当搁置了两天的尸体被太阳烘熟,散发出臭气时,啃尸族突然拥来了。皮蠹、腐阎虫、埋葬虫、苍蝇和隐翅虫向尸体发起了进攻,它们消耗尸体,几乎把它吃得一点儿不剩。如果仅仅靠蚂蚁每次搬走一点儿的话,工作得拖很久才能完成,可眼下这些虫子们做起这项工作来个个雷厉风行,很快就完成了清扫工作。有些使用化学溶剂的虫子清扫效率就更高了。

最值得一提的自然是苍蝇那一类。如果时间允许,每一位骁勇善战的战士都值得我们去观察。但是,那会使读者和观察家都感到厌烦的。我们只要了解几种苍蝇的习性,便可知其他种类的苍蝇的习性了。那就把我们的观察范围限制在绿蝇身上吧。

一、红眼产妇

绿蝇是人人都熟悉的双翅目昆虫。它那金属般的、通常是金绿色的金属光泽足以和最美丽的金匠花金龟、吉丁和叶甲相媲美。当我们看到这么贵重的衣服穿在清理腐烂物的清洁工身上时,着实有几分惊讶。经常光顾我那些吊罐的三种绿蝇是:叉叶绿蝇、丝光绿蝇和铜绿蝇。前两种都是金绿色的,数量不多,第三种闪着铜色光亮。这三种绿蝇的眼睛都是红色的,周围镶着一圈银边。

四月二十三日,我恰好看见叉叶绿蝇在产卵。它落在一只羊脖子上,正把卵产在颈椎里的脊髓上。它一动不动地待了一个多小时,把里面装满了卵。我隐约看见了它的红眼睛和银白色的面孔。它终于出来了。我把卵收集起来。现在还没法数究竟有多少个卵。

最好是把这一家子养在大口瓶里,等它们在沙土里变成了蛹再数。我发现了一百五十七只蛹,这显然只是其中的一小部分。因为从后来的观察中我得知叉叶绿蝇和其他绿蝇分多次产下一包一包的卵,这个超级家族将会成为一个庞大的兵团。

我之所以说绿蝇分批产卵,有以下的情景可以做证。我把一只经多日蒸晒、有些发软的鼹鼠平摊在沙土上。它的肚皮边缘有一处鼓胀起来，形成一个穹隆。绿蝇和其他双翅目昆虫从来不在裸露的表面产卵，因为脆弱的胚芽经受不住暴晒，所以必须把卵产在阴暗隐蔽的地方。

目前，唯一的入口就是死鼹鼠肚腹下的那个皱褶。今天，只有那个地方才有产卵者在产卵。一共有八只绿蝇。只见绿蝇或单只或几只地潜入这个理想的穹隆下面。爬进穹隆的绿蝇在里面需要待上一段时间，在外面的绿蝇则需等待。等待者十分焦急，一次次地飞到洞口去张望，看看产房里的情况，是否已经产下了小宝宝。产房里的产妇终于出来了，停在死鼹鼠身上歇息，等着下一轮再进入产房继续产卵。产房中进来了新的绿蝇，它们也得在里面待上一段时间，然后才把床位让给下一批产妇，自己则去外面晒晒太阳。整个上午，只见它们就这么进进出出，忙个不停。

可见，绿蝇产卵是分几次的，中间有几次休息的时间。当绿蝇感到已成熟的卵尚未进入输卵管时，它就会待在太阳底下，不时地飞起来转上一圈，然后落在死鼹鼠身上凑合地吃点喝点。当成熟的卵进入输卵管时，它们便会尽快地找到合适的产房生下宝宝，卸去重负。因此，两天后整个产卵过程才真正完成。

我小心翼翼地把死鼹鼠掀开，绿蝇正在那儿产卵，十分忙碌。它们用输卵管的尖端，迟疑地在摸索着，想尽量地把卵排在卵堆的最深处。当红眼产妇神情严肃地生产时，有不少蚂蚁正在它的周围忙着打劫,许多蚂蚁在离开时,嘴里都叼着一只蝇卵。我还看见一些胆大包天的抢掠者竟然爬到输卵管下面去抢掠。产妇并不予以理睬,任由它们去胡作非为,大概它心里有数,自己肚子里有的是卵,抢走那么一点算不了什么。

确实,幸免于难的卵已足以保证绿蝇产妇组建一个庞大的家庭了。过了几天,我又回到那座"妇产医院",掀起那只死鼹鼠看了看。在那具尸体下面的恶臭的浓血里,许多只小虫子在蠕动着。蛆虫的尖脑袋冒出了浪尖,晃动一下,立即又缩进到浪谷里去。这里真像波浪滚滚的海洋。掀起死鼹鼠的腰间部位之后,那景象让人恶心,但是必须经受住考验,否则以后见到更可怕的情景就更难支撑住了。

下一个实验中,我们见到的产房是一条死蛇组建的。它盘成一个漩涡状,占满了整个罐子的底部。只见不少的绿蝇纷纷飞来,而且,还有一些在继续飞来,壮大这支产妇大军。产房里不见你争我斗地抢床位的现象出现,产妇们都自顾自地在生产。死蛇那一圈圈盘旋所造成的缝隙是最理想的产卵处所,因为这里可以避开太阳的暴晒。金色的苍蝇排列成一根链条似的,相互间紧挨着。它们尽量地把输卵管往缝隙里插,连翅膀被揉皱翘到头上也在所不惜。生育后代是头等大事,哪儿还顾得上这种打扮上的小事?它们一只只全都屏声静气的,红红的眼睛看着外面。排成的链接时而会出现几处断裂,那是因为有几个产妇离开了自己的产床,飞到死蛇产房旁边散步。它们等下一批卵子成熟进入输卵管之后,会再回到断裂处,再次产卵。

尽管链条常常断裂,但生产速度并没因此而变慢。仅仅一个上午,那螺旋状的缝隙中,就布了一层密密麻麻的卵。可以把这些卵成块地剥离下来,上面一尘不染。我用纸做了个小铲子,铲下来一大堆白色的卵,把它们放进玻璃管、试管和大口瓶里。然后,再放上一些必要的食物。

卵长约一毫米,圆柱形,表面十分光滑,两头略显圆圆的,二十四小时之内便可孵出。这时候,我脑子里想到了一个很重要的问题:绿蝇的幼虫将如何进食? 我知道应该喂它们一些什么,可我都不清楚它们怎么吃。它们的"吃"法,从这个词的严格意义上来说,那能叫吃吗?

我们来看一看那些个头儿较大的绿蝇幼虫。它们是蝇类的普通幼虫,头部尖尖的,尾部呈截断状,整体看上去呈长锥形。尾部的皮肤表面有两个棕红色的点,那是气门。被称为头部的那个部位,其实只是肠道的入口,也可称之为幼虫的前部,那里有两个黑色的爪钩,装在半透明的套子里,时而微微向外凸出,时而收缩回套子里。那是不是可以被视为大颚呢? 绝对不行,因为这两个爪钩并不像真正的爪钩那样是上下对生的,它们是平行地长着的,永远不会相合。

这两个爪钩是幼虫的行走器官。它们可以起到支撑的作用,在反复地一伸一缩的过程中,幼虫就能往前爬,幼虫就是靠着这个看似咀嚼器的器官行走的。幼虫的喉头犹如一根登山用的拐杖。我把幼虫放在一块肉上,用放大镜仔细观察,看到它在散步,一会儿抬起头来,一会儿低下头去,每次都在用爪钩捣肉。当它停下来时,屁股静止不动,而前部则保持弯曲,以探测空间。那尖尖的脑袋探索着,前进,后退,黑色的爪钩一伸一缩,像是无休止的活塞运动。我观察得非常仔细,却没见到它撕下一块肉,更没见它吞下一块肉。

二、神奇的液化作用

蛆虫在长大、变胖。它是用什么方法做到不用嚼食就能吸收食物的呢?如果它不吃,那它肯定是喝了。它的食谱是肉汤。既然肉是固体物质,自己不会液化,就必须用某种烹调方法使它变成能喝的液体。

我把一块核桃大小的肉用吸水纸吸干水分,放在一个一头封闭的玻璃试管里,再向上面放几坨从游蛇身上采集来的卵,大约有两百粒,然后用棉球塞住管口,将试管竖起来,放在实验室一个避光的角落里。另外一个玻璃试管也同样处理,只是里面没有放卵,我把它放在一旁,作为参照物。

卵孵化后才两三天,结果就已经很惊人了。那块用吸水纸吸干了水分的瘦肉已经变湿了,以至于蛆虫爬过的玻璃上留下了水迹。而那个参照试管里却是干的,这说明蛆虫运动的地方留下的液体并不是从肉里渗出来的。

此外,蛆虫的工作也越来越明确地证实了这一点。那块肉就如同放在火炉边的冰块似的一点一点地融化了,不久肉就完全变成了液体。假如我把试管倒过来,里面的汁液会流得一滴不剩。

千万别以为是肉质腐烂导致了溶解。因为在参照试管里,同样大小的一块肉除了颜色和气味变了之外,看上去仍和原来一样。而那块经过蛆虫加工过的肉已经变得像溶化的黄油一样了。这儿看到的是蛆虫的化学功能,就是研究胃液作用的生理学家见了也会啧啧称赞的。

之后,我从熟蛋白实验中得到了有力的证据。熟蛋白经过绿蝇蛆虫加工溶解成了无色的液体,看上去跟水似的。液体的流动性非常大,以至于那些蛆虫失去了依托,淹死在了汤里。

其他那些盛有谷蛋白、血纤维蛋白、酪蛋白和鹰嘴豆豆球蛋白的试管里,也发生了程度不同的类似变化。因为无法吃固体食物,蛆虫首先把食物变成流质,然后把头扎在流质里,长时间地吮吸。蛆虫那种起着相当于高级动物的胃液作用的溶液,无疑来自它们的口腔。像活塞一样连续运动的爪钩不断排出微量的溶液,所有被爪钩碰过的地方都留下了微量的蛋白酶,使那个地方很快渗出水来。既然消化总的说就是液化,我们可以说:蛆虫是先消化食物,再进食的。

这些肮脏恶臭的实验,却使我从中得到了乐趣。当斯帕朗扎尼神父发现生肉块在那沾了小嘴乌鸦胃液的海绵作用下变成流质时,想必也有和我一样的感受。他发现了消化的秘密,并成功地在试管里做了胃液作用的实验,那时胃液的作用还不为人知。我这个远方的信徒如今又见到了曾经使那位意大利学者惊诧不已的现象,不过这一次是以另一种面目出现的。蛆虫代替了小嘴乌鸦,它们破坏了肉、谷蛋白和熟蛋白,使这些物质变成了液体。我们的胃是在秘密状态下进行蒸馏的,而蛆虫却是在体外完成的。它先消化,然后才把消化物喝下去。

看见它们一头扎进尸体化成的汤液里,我不禁产生这样的疑问:为什么它们的皮肤那么光滑,难道皮肤能够吸收食物吗?我见过金龟子和其他食粪虫的卵明显地变大,因而很自然地认为那是因为它们吸入了孵化室里油腻的空气所致。同样,我认为绿蝇蛆虫除了靠嘴巴吸食汤液之外,皮肤也吸收和过滤。这也许就是它们要预先把食物变成液体的原因之一。

我们再举最后一个例子,来证明蛆虫预先将食物液化的事实。假如鼹鼠、蛇或是其他动物的尸体被置于露天的沙罐里,套上金属纱罩以防双翅目昆虫入侵,那么尸体就会在烈日的暴晒下变干,变硬,成了木乃伊,而不会像预料的那样把下面的沙土浸湿。尸体肯定会渗出液体,但会被干燥的空气和热气蒸发掉,因此尸体下面的沙土可以保持干燥,或者说基本干燥。反之,如果不用纱罩,让双翅目昆虫进入的话,情形就大不相同了。三四天后在尸体的下面就会出现脓液,而且大片沙土被浸湿,这就是液化的开始。

为了证明这个结论,我又选取一条非常棒的游蛇。它长一米五,有粗瓶颈那么粗。由于它比较庞大,超出了沙罐的容量,我把它盘成双层螺旋状。当这美味处于分解期时,沙罐成了沼泽,无数只绿蝇幼虫和更为强大的液化器——麻蝇幼虫在里面涌动。

容器里的沙土被浸湿了,液体从罐子底部那个盖着一块扁卵石的小孔流出来,这是蒸馏釜在运作,那条游蛇正在这死尸蒸馏釜中蒸馏。一两周之后,液体将消失,被泥土吸干,黏糊糊的沙土上只会剩下一些鳞片和骨头。

总之,蛆虫是这个世界上的一种能量。它为了最大限度地将死者的遗骸归还给生命,将尸体进行蒸馏,分解成一种提取液,让大地吸收,使大地成为哺育植物的乳母。

图书在版编目（CIP）数据

昆虫记 /（法）法布尔著；吴文智编译. -- 南京：
南京出版社, 2017.7
　　（青少年成长阅读经典文库）
　　ISBN 978-7-5533-1855-4

Ⅰ. ①昆… Ⅱ. ①法… ②吴… Ⅲ. ①昆虫学－青少
年读物 Ⅳ. ①Q96-49

中国版本图书馆 CIP 数据核字(2017)第 150521 号

丛 书 名：青少年成长阅读经典文库
书　　名：昆虫记
作　　者：[法国] 法布尔
编　　译：吴文智
出版发行：南京出版传媒集团
　　　　　南 京 出 版 社
社址：南京市太平门街 53 号　　　　邮编：210016
网址：http://www.njcbs.cn　　　　电子信箱：njcbs1988@163.com
天猫 1 店：https://njcbcmjtts.tmall.com/　天猫 2 店：https://nanjingchubanshets.tmall.com/
联系电话：025-83283893、83283864(营销)　　025-83112257(编务)

出 版 人：朱同芳
出 品 人：卢海鸣
丛书策划：孙维桢　樊立文
丛书顾问：吴文智
责任编辑：徐　智　刘　娟
装帧设计：王　俊
插　　图：孙　松
责任印制：杨福彬

印　　刷：江苏扬中印刷有限公司
开　　本：880 毫米 × 1230 毫米　1/32
印　　张：6.375
字　　数：121 千字
版　　次：2017 年 7 月第 1 版
印　　次：2017 年 7 月第 1 次印刷
书　　号：ISBN 978-7-5533-1855-4
定　　价：26.00 元

天猫 1 店

天猫 2 店